Herzlich willkommen bei Familie Lerndrache!

Super, dass du mit uns üben und lernen möchtest! Du wirst sehen: Mit uns macht das richtig viel Spaß! Wir haben viele Tipps für dich und helfen dir, sodass du bald fit in Deutsch und Mathe bist.

Name: Lizzy Lerndrache
Das mag ich: Sport, vor allem Reiten und Ballett; schöne Kleider und meine Perlenkette; meine Familie, besonders meinen Bruder Lenny (meistens jedenfalls)
So bin ich: erfinderisch und ganz schön schlau
So helfe ich dir: Ich habe extra clevere Tipps für dich. Und bei den Tests überreiche ich dir die Siegerurkunde.

Name: Lenny Lerndrache
Das mag ich: Sport; alles, was mit Technik zu tun hat; Feuer spucken; meine Familie, besonders meine Schwester Lizzy (meistens jedenfalls)
So bin ich: hilfsbereit und neugierig
So helfe ich dir: Ich sage dir alles, was du dir merken solltest. Außerdem gebe ich den Startschuss für die Tests!

Name: Floh Lerndrache (Baby)
Das mag ich: Quatsch!
So bin ich: frech und noch klein, daher kann ich kaum reden und leider noch nicht fliegen
So helfe ich dir: Ich mache Unfug und sorge dafür, dass du beim Lernen was zu lachen hast.

Name: Nepomuk Lerndrache (Opa)
Das mag ich: fliegen und Saltos schlagen; mit meinem Stock zaubern; faulenzen; meine Enkelkinder
So bin ich: gemütlich, manchmal kann ich auch richtig frech sein
So helfe ich dir: Ich verrate dir meine ganz persönlichen Eselsbrücken. Außerdem erinnere ich dich daran, auch mal eine Pause zu machen!

Du willst noch mehr üben? Du übst gerne am Computer? Kein Problem! Im Internet findest du zu jedem Kapitel aus deinem Trainingsbuch weitere Übungen, die dich richtig fit in einem Thema machen. Und so geht's:

1. **Gehe gemeinsam mit deinen Eltern** auf www.lerndrachen-training.de, und melde dich mit ihrer Hilfe kostenlos mit einer E-Mail-Adresse und einem Passwort an.

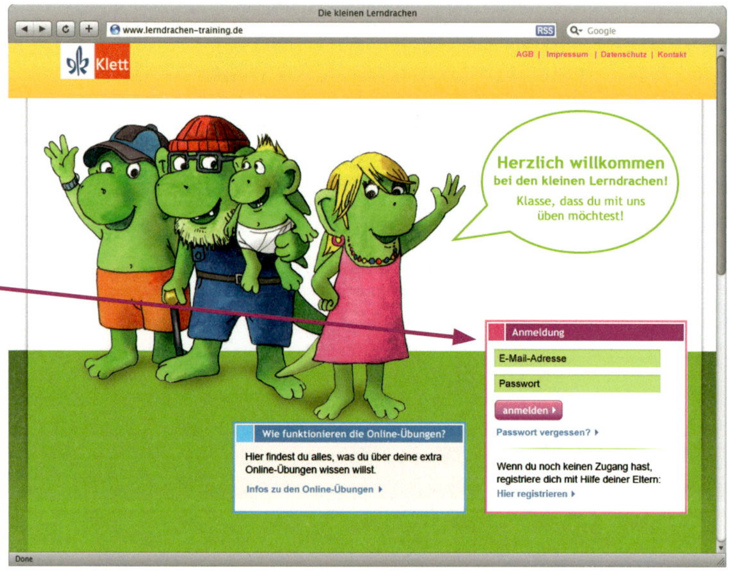

2. **Wähle auf der nächsten Seite dein Trainingsbuch aus.** Klickst du dein Buch an, erhältst du eine Übersicht über alle Kapitel aus deinem Buch, zu denen es extra Übungen gibt.

3. **Gib nun deinen Online-Buch Code DM6ST91 ein,** bestätige die Eingabe mit Enter, und alle extra Übungen zu deinem Trainingsbuch sind für dich freigeschaltet.

4. **So übst du:** Wenn du die Übungen freigeschaltet hast, suche dir ein Thema aus, das du üben möchtest. Du kannst die Übungen zu einem Thema beliebig oft wiederholen oder abbrechen und später beenden.

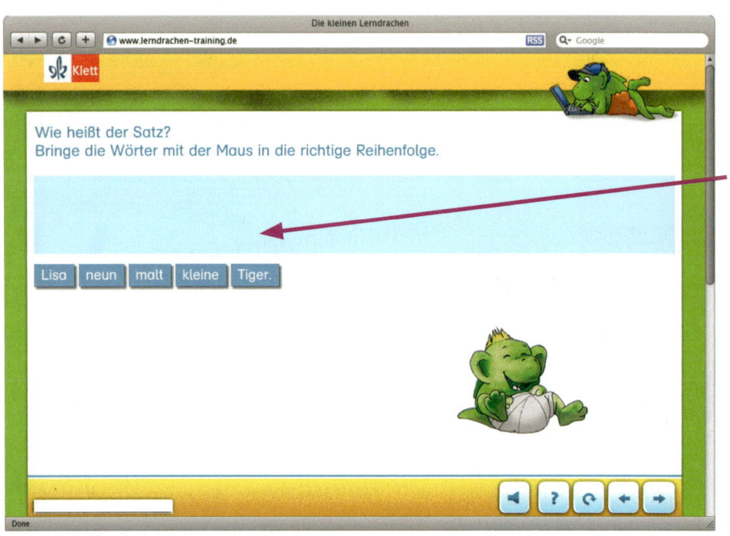

5. **Bearbeite nun die Übungsaufgaben.** Lies dabei zuerst ganz genau die Aufgabenstellung.

6. **Überprüfe** am Ende deine Ergebnisse mit den Lösungen.

Laute und Buchstaben erkennen

Wörter und Sätze lesen und schreiben

Rechnen im Zahlenraum bis 20

Größen – Sachrechnen – Geometrie

Hallo liebe(r) ______________________________________!

(Trage hier deinen Namen ein.)

In diesem Buch findest du alles, was du im Fach Deutsch und Mathematik in der 1. Klasse wissen solltest. Suche dir ein Thema aus, das du üben möchtest. Natürlich kannst du auch das ganze Buch durcharbeiten. Übe aber lieber öfters kurze Zeit als nur einmal stundenlang. Eine Doppelseite pro Tag ist die ideale Lernportion, die du auch nach den Hausaufgaben noch gut schaffen kannst. Viel Erfolg!

Das bedeuten die unterschiedlichen Zeichen:

Merkkasten Lenny fasst in den gelben Merkkästen alles Wichtige für dich zusammen. Präge dir diese Regeln gut ein.

Für-Könner-Aufgabe Aufgaben mit diesem Symbol sind etwas schwieriger.

einkreisen, ankreuzen, verbinden

malen, aufschreiben

lesen

online üben Im Internet findest du noch mehr Übungen zu jedem Kapitel. Lies dazu Seite 2.

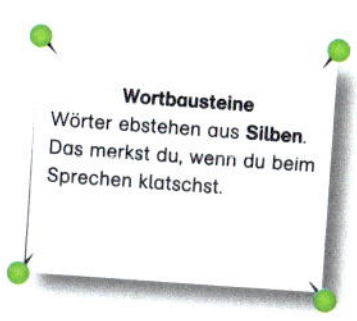

Regel-Übersichten Am Ende von jedem Kapitel findest du auf einen Blick die wichtigsten Regeln. Du kannst sie immer wieder nachschlagen und sie dir leicht einprägen.

Tests Überprüfe mit dem Test am Ende des Kapitels, wie gut du schon bist. Die Lösungen, die Punktevergabe und eine Bewertung deines Ergebnisses findest du im Lösungsheft.

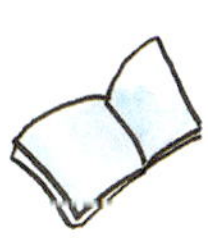

Lösungsheft Du findest es im hinteren Umschlag.

Fachbegriffe Auf Seite 104 findest du wichtige Fachbegriffe.

Das mag ich!

1 A, E, I, O, U.

A B H O T E R E L

K O N V C A J I T

U Z S U W I K B H

2 a, e, i, o, u.

b a g h t z i d u f e r

s o w q e r a z t p l u

n v b i p i f d s o b m

3 Kreise die Wörter mit ä, ö, ü ein.

Vogel   Räder   Gärten   Bücher   Garten   Buch   Wort   Zug   Vögel   Rad   Züge   Wörter

4 Schreibe so:

viele Stühle – ein Stuhl

viele Äpfel – ein ____

viele Kühe – eine ____

viele Töpfe – ein ____

viele Bänder – ein ____

viele Wände – eine ____

5

Für Könner!

6 Stimmt das?

	ja	nein
Die Sonne lacht am Himmel.		
Ein Baum steht am See.		
Der Baum hat viele Äste.		
Anna und Peter rudern in einem Boot.		
Ein Apfel liegt im Gras.		
Lia füttert fünf Vögel.		

Komm, male mit!

1

2 

Lea

Lea malt

Lea malt einen

Lea malt einen kleinen

Lea malt einen kleinen Hasen.

Für Könner! **3**

Hanna malt ein Auto.	☒
Nino holt ein Seil.	☐
Kai hat eine Tomate.	☐

Lisa ist im Auto.	☐
Timo hat ein Lineal.	☒
Ina ist in einem Haus.	☐

4

Tomate
Tomat
Toma
Tom
To
T
To
Tom
Toma
Tomat
Tomate

Rotes Blatt

1

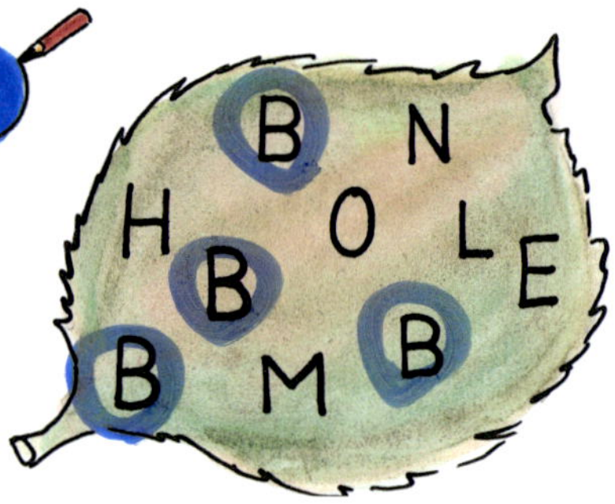

2 Male rot.

	Blatt	Bett
	Bus	Banane

Besen	Baum	
Blume	Bus	

	Saft	Seil
	Socke	Sack

Brille	Brot	
Bett	Blatt	

3

Tasse

Rose

Ratte

Merk's dir!

Achte beim Lesen
auf **jeden Buchstaben**.
Lies langsam und deutlich.

4

Sven hat eine rote Brille.

Lena malt ein Osterei.

Simon hat eine Torte.

Nora holt ein Brot.

Lisa hat eine bunte Laterne.

Rita ist im Bett.

Ene, mene, mu ...

1

Male die Felder mit d rot an und die mit D grün an.

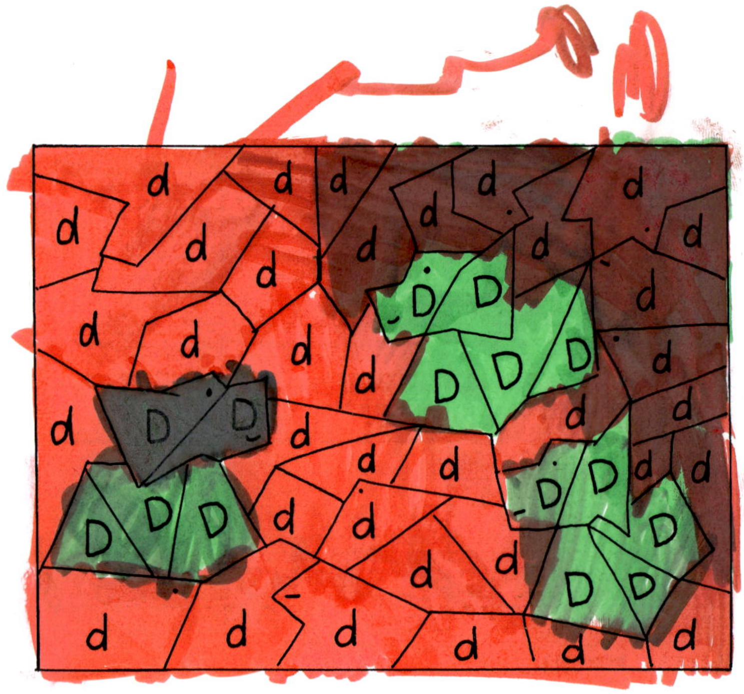

2

F FLEUIFHTLFLEKFLTI

f flunt ml t b de i t f f l ie t f f

3

j J

4

Hat ein Fell:

Dackel Ofen Falke

Eimer Jaguar Ente

Für Könner! **5**

!	ja	nein
Die Ente hat ein Maul.		X
Ein Baum hat Federn.		X
Eine Maus ist kleiner als ein Elefant.	✓	
Eine Jacke bekommt Urlaub.		X
Das Meer rudert in einem Boot.		X
Ein Bauer arbeitet oft auf dem Feld.	✓	

Abzählreime helfen dir, genaues und deutliches Sprechen zu üben.

6

Am Bach

1 ch

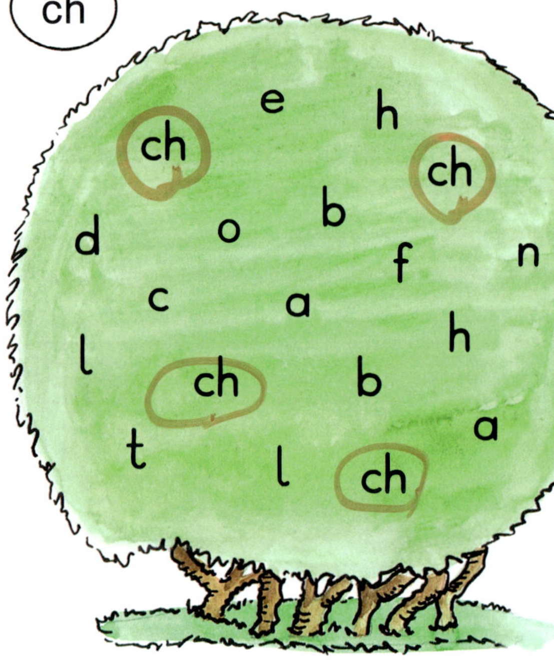

p

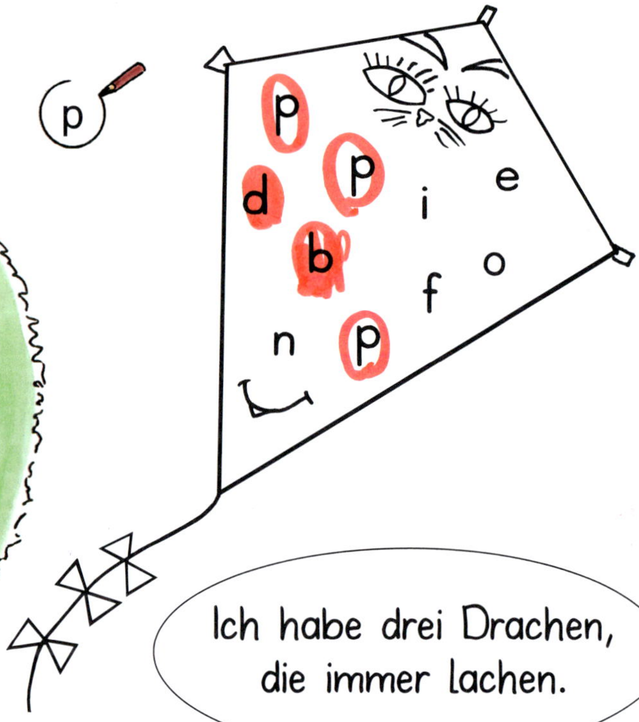

2

Male einen Bach.
Er ist blau.
Neben dem Bach
ist eine Blume.
Sie ist lila.

Male einen Pilz.
Er ist rot.

3

Brille

Fenster

Pinsel

Sonne

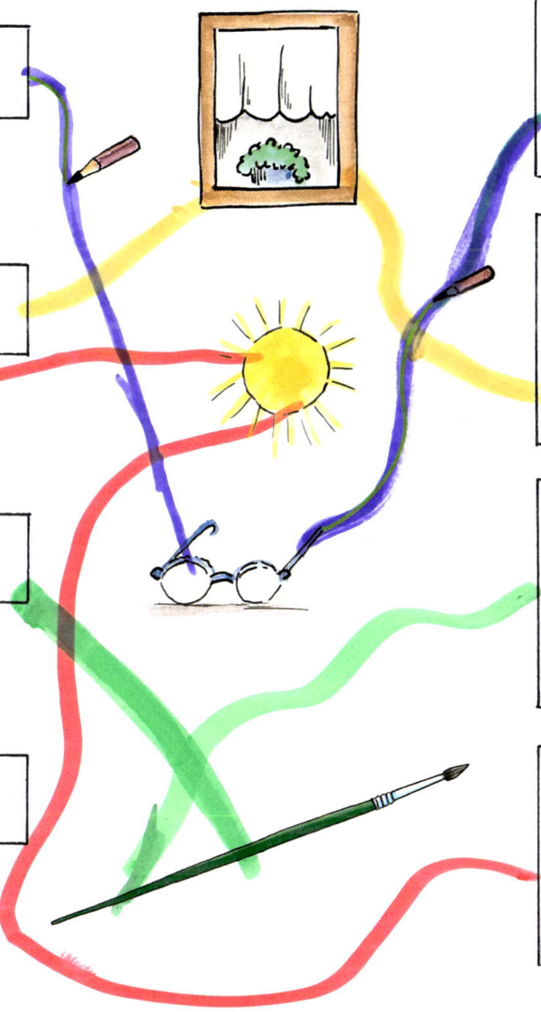

B r i l l e

F e n s t e r

P i n s e l

S o n n e

4

Neben dem Bach,
dass ich nicht lach',
ist ein kleiner Hase
mit einer lila Nase!

Hat eine Gans Federn?

1

2 Ist g am Anfang, in der Mitte oder am Ende?

3

Gesicht	hart	Federn	bellen

Eine Gans hat Flugel.

Ich habe eine Nase im Grun.

Ein Stein ist Grau.

Ein Hund kann Belen.

Für Könner! **4** !

ß

ei

5

leise laut

groß fleißig klein

kalt heiß faul

6 Rate mal!

Ich bin gelb.

Ich bin groß.

Ich bin rund.

Ich bin sehr heiß.

Ich bin die Sonne.

Auf der Schaukel

1

2 Ist sch am Anfang, in der Mitte oder am Ende?

3

Versuche immer wieder, den **ganzen Satz** im Blick zu haben.

Für Könner! 4 Stimmt das?

Tina ist hinter einem Busch.	richtig
Die Sonne scheint nicht.	falsch
Drei kleine Kinder schaukeln.	
Eine Puppe liegt im Gras.	
Karin schaufelt im Sand.	
Neben den Schaukeln stehen acht Tulpen.	
Es regnet.	

Viele Tiere

1

2 Rate mal!

Ich liebe Knochen.

Ich kann bellen und knurren.

Ich bin ein Hund.

Ich kann fliegen.

Ich kann Nester bauen und singen.

Ich bin ein Fogel.

3

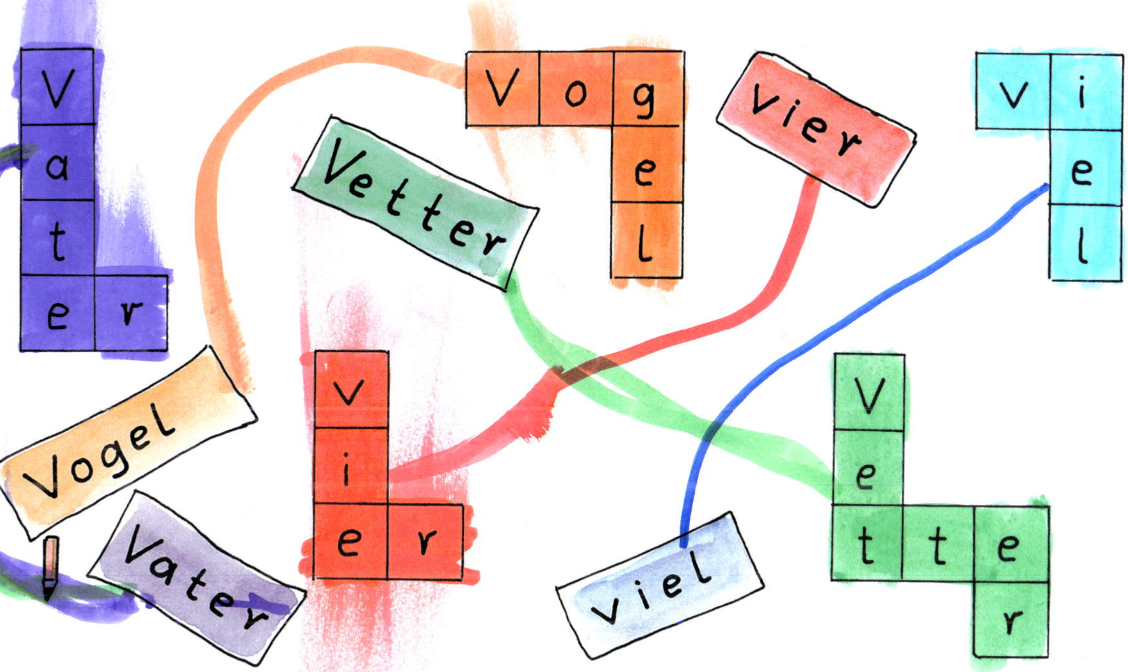

Für Könner! **4** Male das Bild fertig!

! Vater hat einen roten Pullover an. Der Sessel ist blau. Auf dem Tisch steht eine gelbe Vase. In der Vase sind drei violette Blumen. Vier Bananen liegen in dem Korb.

Das **v** wird manchmal **wie f** gesprochen (voll) und manchmal **wie w** (Vase). Merke dir, wie welches Wort ausgesprochen wird.

Am Wasser

1

Wiese wollen Weg Wurst

wild wo wieder

Wald was Wand weinen Wasser

Welle

Merk's dir!

Baue Sätze ab
und auf. Das ist ein gutes
Lesetraining.

2

Ich

Ich bin

Ich bin ein

Ich bin ein wilder

Ich bin ein wilder Drache!

Für Könner! 3

!

Wie heißt du?

Wie alt bist du?

Wo wohnst du?

In welche Klasse gehst du?

Wie heißt deine Schule?

Die Vogelscheuche

1 ck

2 Eu eu

Feuer | Beutel | leuchten | Eule | neu | Heu | treu | Scheune | Euter

Merk's dir!

Halblautes und **deutliches Sprechen** hilft dir beim Schreiben.

Für Könner! **3**

!

Ich packe meinen B ______.

Er schleckt ein ______.

Sie strickt einen ______.

Die Mutter backt ______.

4 Stimmt das?

	ja	nein
drei Lineale	X	
vier Tomaten		
eine Brille		
neun Kirschen		
ein Kaninchen		
sechs Birnen		
acht Socken		
sieben Brote		

5 Male das Bild fertig.

Die Vogelscheuche lacht.
Ihr Hut ist blau.
Die Jacke ist lila.
Der Schal ist rot.
Die Hose ist gelb.

Im Hexenhaus

1

2

3 Streiche das falsche Bild durch.

Zange 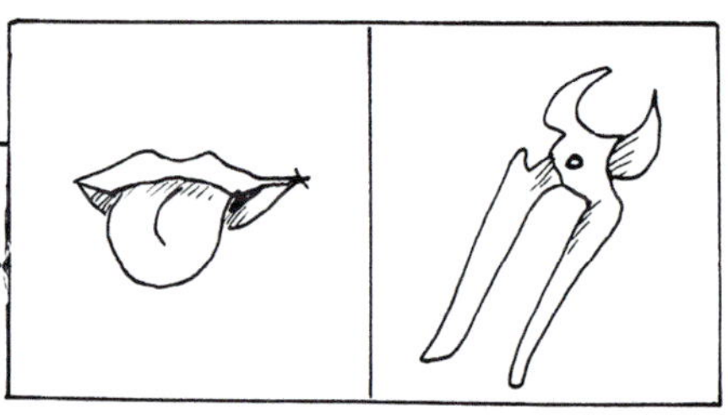

Zelt 

Zwerg 

Zeitung 

Für Könner! 4 Hier fehlen die Reimwörter.

! Da wohnt die kleine Hexe Trixi

mit dem klugen Raben ________.

Manchmal strickt die Trixi Socken

für ihre langen roten ________.

Mit Lockenwicklern auf den Zehen,

kann sie leider kaum noch ________.

O je, was macht sie doch für Sachen,

da kann ich nur noch ganz laut ________.

Lesen trainieren
Wenn du Wörter auf- und abbaust, trainierst du das Lesen.

Blickspanne erweitern
Versuche immer wieder, den ganzen Satz im Blick zu haben.

Das schwierige v
Das *v* wird manchmal wie *f* gesprochen (voll) und manchmal wie *w* (Vase). Merke dir, wie welches Wort ausgesprochen und geschrieben wird.

Buchstaben richtig erkennen
- Achte beim Lesen auf jeden Buchstaben. Lies langsam und deutlich.
- Schau und lies genau, damit du ähnliche Buchstaben nicht verwechselst.

Deutliches Sprechen
Halblautes und deutliches Sprechen hilft dir beim Schreiben.

Extra: online üben

Mach dich fit für den Test!

Du willst noch mehr üben? Kein Problem!
Auf www.lerndrachen-training.de findest du viele weitere Übungen zu diesem Kapitel. Wie du dich registrierst und die Übungen freischaltest, liest du auf Seite 2. Viel Erfolg!

1 Baue diese Wörter ab.

B r i l l e	K e r z e
— — — — — —	— — — — —
— — — — —	— — — —
— — — —	— — —
— — —	— —
— —	—
—	

2 P

2 Unterstreiche alle Wörter, bei denen das *v* wie *f* gesprochen wird.

viel Klavier voll November verlaufen
vier Vater Vogel

6 P

3 Unterstreiche das abgebildete Wort.

Flasche
Fasche
Fische

Krane
Krone
Kone

Glas
Gras
Gas

Fosch
Flosch
Frosch

4 P

4 Kreise alle Wörter mit -ei ein.

Leiter Lieder wieder weiter fliegen
Geige schieben schneiden beide
Kleid lieben Dieb

6 P

In diesem Test habe ich ______ Punkte von insgesamt 18 Punkten erreicht.

Das lustige Geschenk

Opa und Maria basteln einen Hampelmann aus Holz. Das ist nicht leicht. Er ist für den kleinen Bruder Tobias.

1 Schreibe die Wörter dazu.

2 Male ihn an.

3 Sechs Kinder malen einen Hampel-Drachen.
Wer malt was?

Kai malt ein A_____ .

Mia _____ einen _____ .

Pit _____ einen _____ .

Ina _____ ein _____ .

Jan _____ eine _____ .

Lea _____ ein _____ .

4 Findest du hier die Wörter?

HAND|AUGENASEBEINOHRARMFINGER

Wo wohnt Omi?

Nina malt ein Bild von Omis Haus.

1 Verbinde jede Zahl mit dem richtigen Wort.

Blumen Haus Wiese Wald Omi Bach

2 Schreibe die Wörter dazu.

Das ist das ____________ von Ninas ____________.

Es ist rot. Es steht auf einer großen ____________

mit vielen ____________.

Hinter dem Haus ist ein ____________.

Vor dem Haus ist ein ____________.

3 Schreibe die Wörter hier auf.

⑤ 

② 

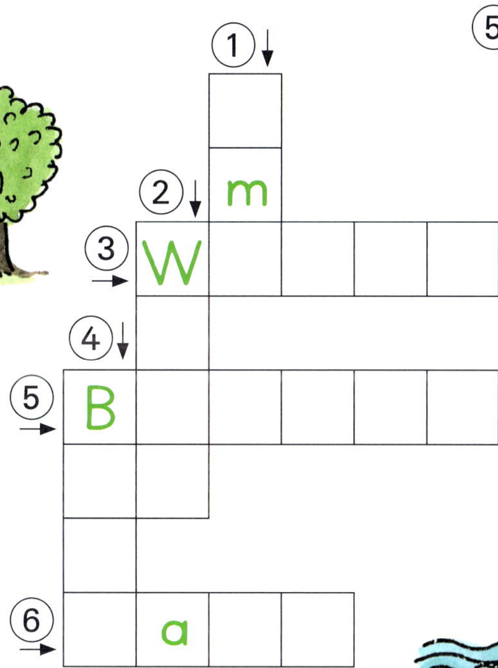

⑥ 

① 

 ③

 ④

4 Was reimt sich?

5 Was malen die Kinder?

Peter malt einen ____. 

Tina ____ eine ____. 

Jonas ____ viele ____. 

Evi ____ ein ____. 

Neugierige Anne

Mutter steht mit dem Auto an der Tankstelle. Sie tankt. Dann redet sie mit dem Tankwart. Anne sitzt auf ihrem neuen Fahrrad und schaut zu.

1 Schreibe die unterstrichenen Wörter auf.

2 Schreibe diese Wörter so.

① redet

②

③

④

⑤

⑥

⑦

3 Schreibe die Wörter auf.

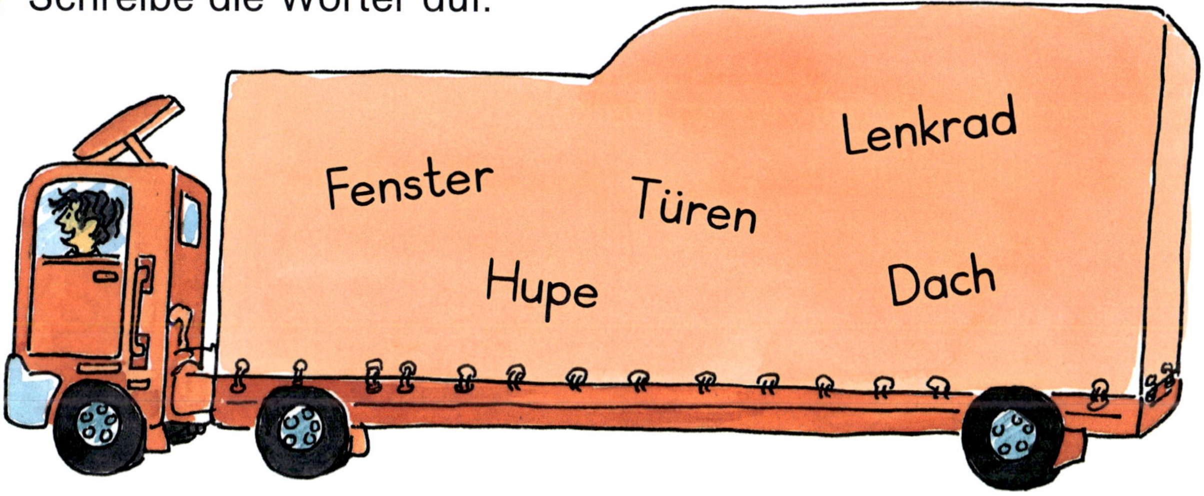

Für Könner!

4 Schreibe so.

Mein Auto hat sechs Fenster.

Mein Auto hat eine ______.

Mein Auto hat fünf ______.

Mein Auto hat ein ______.

Mein Auto hat ein ______.

Pitschnasse Pause

Es regnet. Die Kinder dürfen im Klassenraum bleiben und malen.

1 Male die Sachen so an.

grün

schwarz

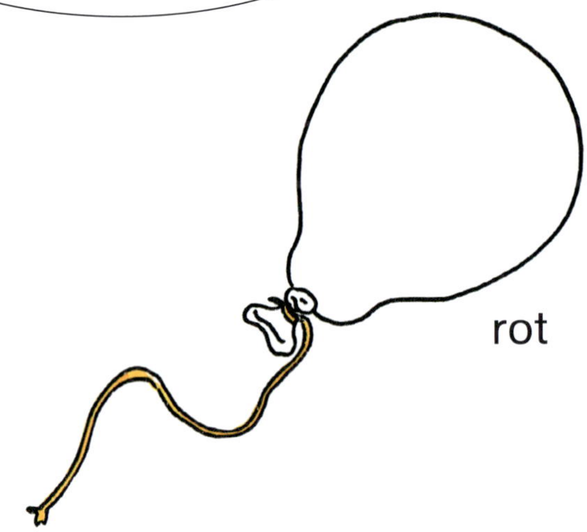

rot

blau

braun

gelb

weiß

2 Welche Farbe hat es?

gelb | weiß | blau | schwarz | ~~rot~~ | grün | braun

Eine Tomate ist rot.

Die Sonne ist ______.

Ein Rabe ist ______.

Schnee ist ______.

Gras ist ______.

Der Himmel ist ______.

Schokolade ist ______.

3 Schreibe die Buchstaben dazu.

au | ün | e | t | bl | w

Lauter Überraschungen

Heute ist der letzte Ferientag. Im ganzen Haus wird aufgeräumt. Was die Kinder da so alles finden!

~~Y~~ I EI AU E O

1 Ergänze die Wörter.

2 Schreibe die Wörter dazu.

Die Hose ist kurz.

Das __________ lang.

Der __________ groß.

Der __________ rund.

Die __________ klein.

Das __________ hart.

Mit **Wiewörtern** beschreibst du Lebewesen und Dinge. Du schreibst sie **klein**.

3 Suche immer das Gegenteil.

lang –

eckig –

groß –

weich –

4 Welches Wort passt genau?

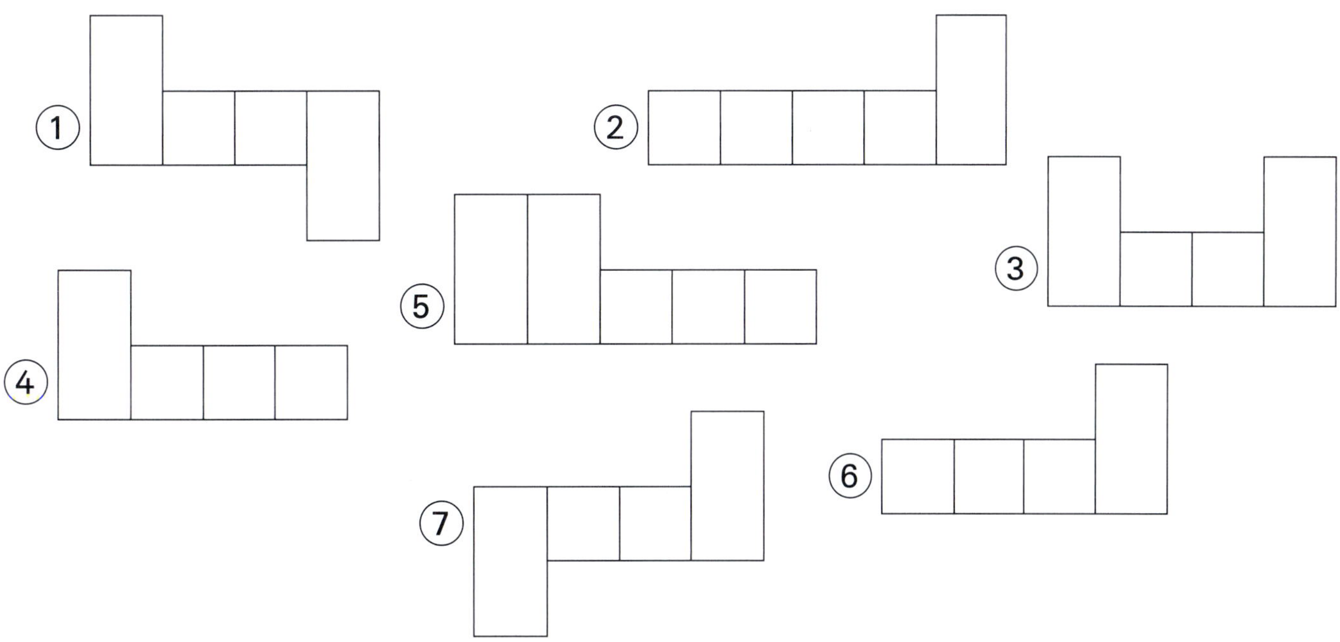

Ein besonderer Tag

Jedes Kind darf mitbringen, was es am liebsten hat. Das ist eine spannende Schulstunde.

1 Schreibe die Wörter.

2 Fünf Kinder schreiben ihre Sachen in Geheimschrift an die Tafel. Kannst du sie lesen? Verbinde.

Merk's dir!

Namenwörter
bezeichnen Lebewesen
und Gegenstände.
Sie werden **großgeschrieben**.

Für Könner! **3** Schreibe so.

! Ich habe einen Hund.

________ einen ________.

________ ein ________.

________ einen ________.

________ ein ________.

Juhu! Pause!

Die Kinder laufen auf den Schulhof.
Pause! Jeder darf tun, was er möchte.

1 Setze das richtige Wort ein.

Jan ________ : „Hallo, Heide“.

Kevin ________ über das Brett.

Sina ________ .

Markus ________ .

Dora ________ Kassetten.

Verena ________ eine lange Nase.

2 Verbinde.

weinen | weint | machen | hört | hören | springen | lacht | macht | springt | sagt | lachen | sagen

3 Schreibe die Buchstaben dazu.

s __ __ en

lach __ __

w __ __ nen

spri __ __ en

ma __ __ en

hö __ __ n

Tunwörter sagen dir, wer etwas tut. Sie schreibst du **klein**.

Immer in Begleitung

Heute lernen die Kinder, dass Namenwörter oft Begleiter haben.

1 Lies die Wörter laut. Ergänze dabei den 1. Buchstaben.

2 Ordne die Wörter ein.

3 Ergänze hier *der, die, das.*

① Dort ist ______ gelbe Ball von Lisa.

② Ich sehe ______ Burg auf dem Berg.

③ Peter hängt ______ Bild auf.

④ Jan liest ______ Buch von Tobi gern.

⑤ Dort liegt ______ Brief für Susi.

⑥ Laura stellt ______ rote Blume in eine Vase.

Namenwörter haben oft **Begleiter** bei sich. Das sind entweder

- **der, die, das** oder
- **ein, eine.**

Für Könner! **4** Ergänze *ein* oder *eine.*

!

fünf Briefe – ein Brief

zwei Burgen – ______ Burg

vier Bilder – ______

zehn Bücher – ______

acht Bälle – ______

drei Blumen – ______

Wo sind sie?

Vater hat den Tisch gedeckt.
Das Abendessen ist fertig.
Aber keiner kommt.
Er geht und sucht alle.

Die Wörter **am, auf, im, unter, hinter** sagen dir, **wo** etwas ist.

1 Schreibe auf, wo jeder ist.

hinter im am im unter
im auf im

Oma ist ____  .

Jan steht ____ dem  .

Tina ist ____  .

Alex schaukelt ____  .

Kai ist ____  .

Mutter ist ____ dem  .

Nora ist ____ dem  .

Flora ist ____  .

2 Vier Kinder haben sich versteckt.
Kannst du sie finden?

3 Schreibe auf, wo sie sind.

Baum
Zaun
Busch
Haus
im
unter
auf
hinter

Ein Kind ist unter dem ________ .

Ein Kind ist ________ dem ________ .

Ein Kind ist ________ ________ .

Ein Kind ist ________ dem ________ .

Das Lieblingstier

Toni und Mia suchen ihre Tiere.

1 Hilf ihnen. Male gelb an, wo ein Tiername steht.

M	L	H	U	N	D	F	G	L
Z	T	G	K	A	T	Z	E	J
W	E	N	T	E	M	D	S	I
P	L	K	U	H	Z	Q	Y	S
P	O	N	Y	F	G	L	Ö	T
F	N	B	V	O	G	E	L	J

2 Schreibe die Namen der Tiere auf.

(1) (2) (3)

(4) (5) (6)

3 Verbinde immer zu einem richtigen Satz.

Der Hund	gibt Milch.
Die Katze	bellt.
Die Ente	frisst gerne Möhren.
Das Pony	fliegt von Baum zu Baum.
Der Vogel	schwimmt auf dem Teich.
Die Kuh	jagt eine Maus.

Für Könner!
4 Schreibe die ganzen Sätze auf.

!

Der Hund bellt.

Kleine Malkünstler

Heute malt jedes Kind ein Bild.
Doch am Ende der Stunde fehlt
auf jedem Bild etwas.

1 Kreuze an, was fehlt.

Bei der Puppe fehlt	das Auge	☐
	die Nase	☐
	der Arm	☒
Bei dem Haus fehlt	die Tür	☐
	der Kamin	☐
	das Fenster	☐
Bei dem Kind fehlt	das Ohr	☐
	der Mund	☐
	der Hals	☐
Bei dem Fisch fehlt	der Schwanz	☐
	das Auge	☐
	die Flosse	☐
Bei dem Roller fehlt	die Bremse	☐
	die Lenkstange	☐
	das Rad	☐
Bei der Blume fehlt	das Blatt	☐
	die Blüte	☐
	der Stängel	☐

2 Male die Bilder fertig.

Für Könner! **3** Schreibe die Sätze auf.

! Bei der Puppe fehlt der Arm.

.

.

.

.

.

Willst du viele genaue Bezeichnungen kennen? Dann frage deine Eltern, oder schau in einem Buch nach, wie die Dinge heißen, z.B. die Teile eines Hauses, eines Fahrzeuges usw.

4 Löse das Rätsel.

Die kunterbunte Liste

Drei Kinder gehen einkaufen. Max trägt die Tasche. Anna hat das Geld. Paula hält die Liste. Aber sieh nur! Hier stimmt doch etwas nicht.

1 Wie muss es richtig heißen?

zwei Flaschen ○○○○

vier Tafeln ○○○○○○○○○○

ein Laib ○○○○

ein Kilo ○○○○○

ein Glas ○○○○○

2 Ergänze überall die zweite Silbe.

fen

ken

~~men~~

len

sen

nehmen

zah

kau

es

trin

Auch Leo und Lisa gehen einkaufen. Aber, o weh! Was sollen sie denn kaufen?

3 Wer hat denn die Zettel zerrissen? Schreibe neue.

Wörter bestehen aus **Silben**. Silben findest du, wenn du beim Sprechen klatschst.

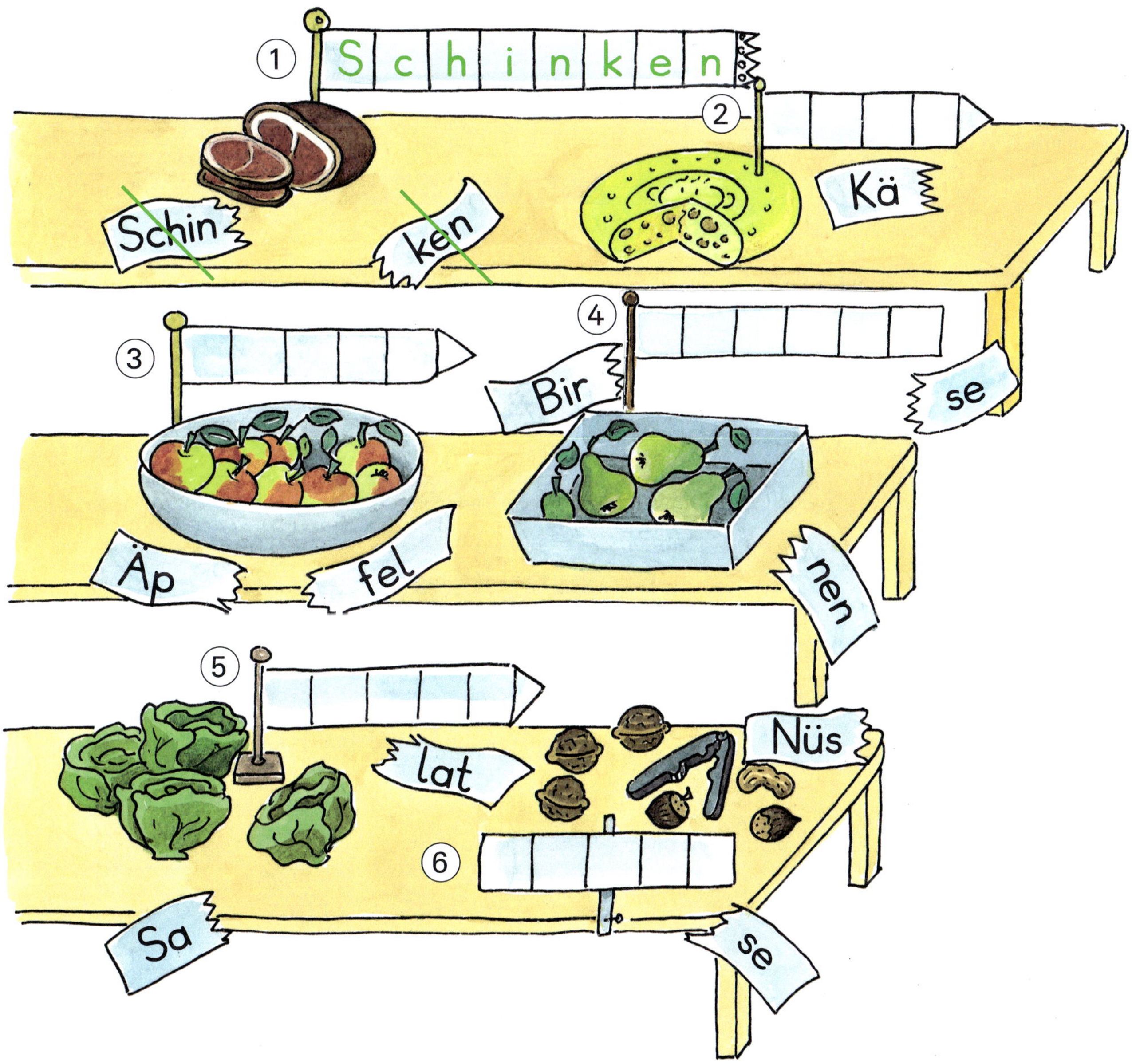

Auf dem Bauernhof

1 Suche fünf weitere Wörter.

2 Schreibe und male die sechs Sachen.

Für Könner!

3 Lies den Text.

!

Neben unserer Scheune
steht eine alte Eiche.
Eine Eule wohnt darin.

Am Tag schläft sie meistens.
Aber nachts sucht sie nach Beute.
Am liebsten mag sie Mäuse.

4 Beantworte die Fragen
zu dem Text.

Wo steht die alte Eiche?

Wer wohnt in dieser Eiche?

Wann schläft die Eule?

Wann sucht sie nach Beute?

Was mag sie am liebsten?

Wortarten kennen

- Mit **Wiewörtern** beschreibst du Lebewesen und Dinge. Du schreibst sie klein.
- **Namenwörter** bezeichnen Lebewesen und Gegenstände. Sie werden großgeschrieben.
- **Tunwörter** sagen dir, wer etwas tut. Sie schreibst du klein.
- Namenwörter haben oft **Begleiter** bei sich. Das sind entweder **der, die, das** oder **ein/eine.**

Beschreiben üben

Spiel öfter „Ich sehe was, was du nicht siehst." Beschreibe dabei so genau wie möglich.

Kleine, wichtige Wörter

Die Wörter *am, auf, im, unter, hinter* sagen dir, wo etwas ist.

Wortbausteine

Wörter bestehen aus **Silben**. Das merkst du, wenn du beim Sprechen klatschst.

Richtig schreiben

Sprich beim Schreiben halblaut vor dich hin. Das hilft dir, Fehler zu vermeiden.

Extra: online üben

Mach dich fit für den Test!

Du willst noch mehr üben? Kein Problem!
Auf www.lerndrachen-training.de findest du viele weitere Übungen zu diesem Kapitel. Wie du dich registrierst und die Übungen freischaltest, liest du auf Seite 2. Viel Erfolg!

1 Unterstreiche das passende Wiewort.

dick
lang
süß

kalt
heiß
eckig

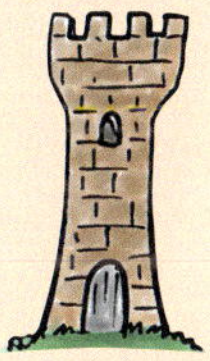
klug
weich
hoch

gelb
dünn
traurig

4 P

2 Kreise die Tunwörter ein.

Wolke schön sagen laufen Baum

eng schlafen Topf Gras schreiben breit

4 P

3 Wie heißt der Begleiter? Ordne ein.

Elefant Schule Hund Kind Schuh

Jacke Tor Tulpe Bild

der	die	das

9 P

In diesem Test habe ich ____ Punkte
von insgesamt 17 Punkten erreicht.

Tierfütterung im Zoo

Evi und Jonas besuchen den Zoo.
Sie kommen gerade rechtzeitig zur Tierfütterung.

1 Bekommt jeder Seehund einen Fisch?
Zeichne Linien.

2 Reicht das Futter auch bei den Affen und Kaninchen? Zeichne wieder Linien.

3 Wie oft findest du diese Dinge auf den Seiten 58 und 59? Schreibe die Anzahl auf.

5					

Dominospiele

Lukas besitzt ein besonderes Dominospiel. Auf jedem Stein ist eine Zahl und ein Punktmuster zu sehen.

1 Lege die Dominosteine so aneinander, dass immer Zahl und Muster zusammenpassen. Übertrage dazu die Punkte und Zahlen in das Spiel.

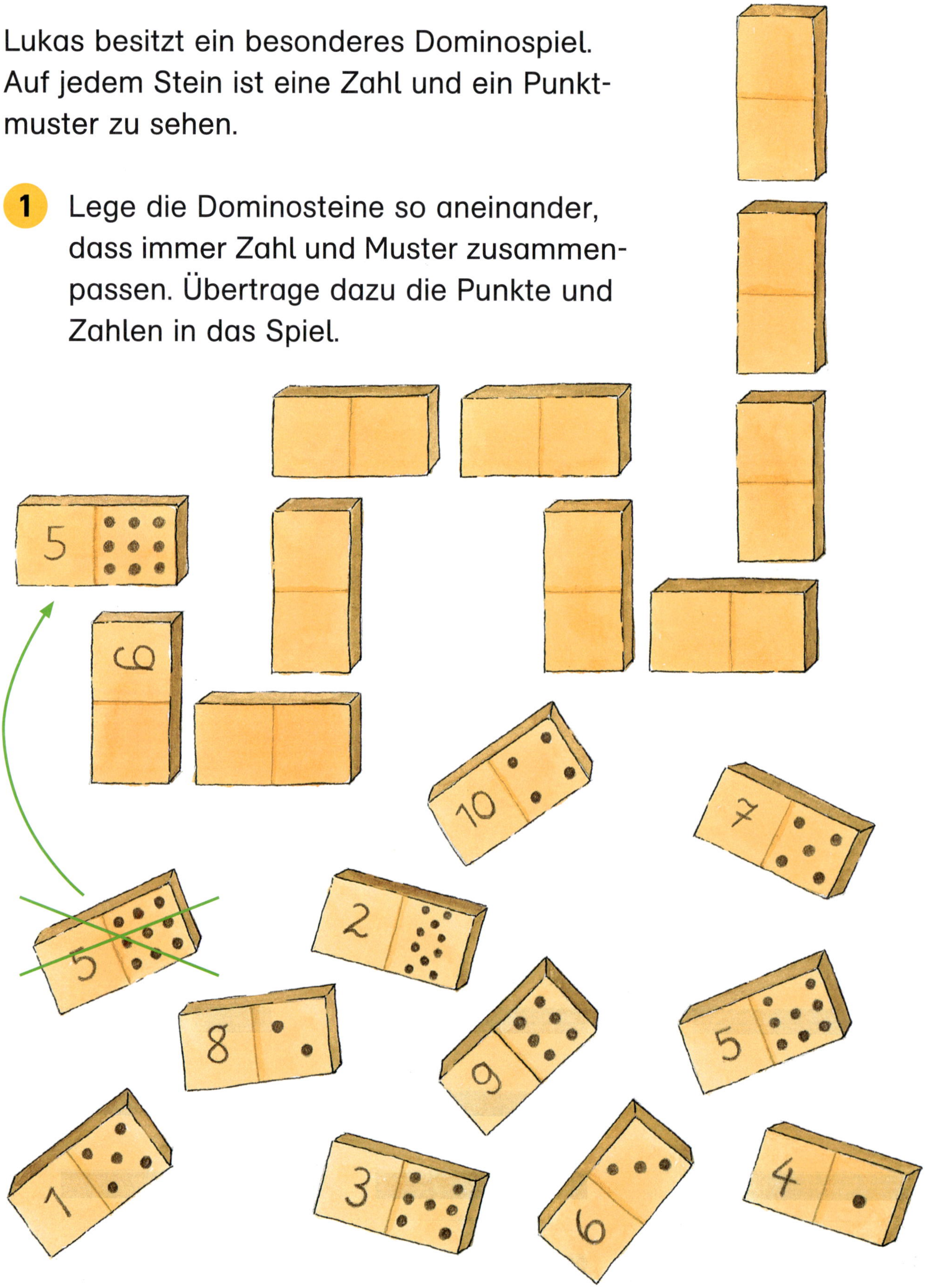

2 Schreibe unter jeden Dominostein die passende Aufgabe.

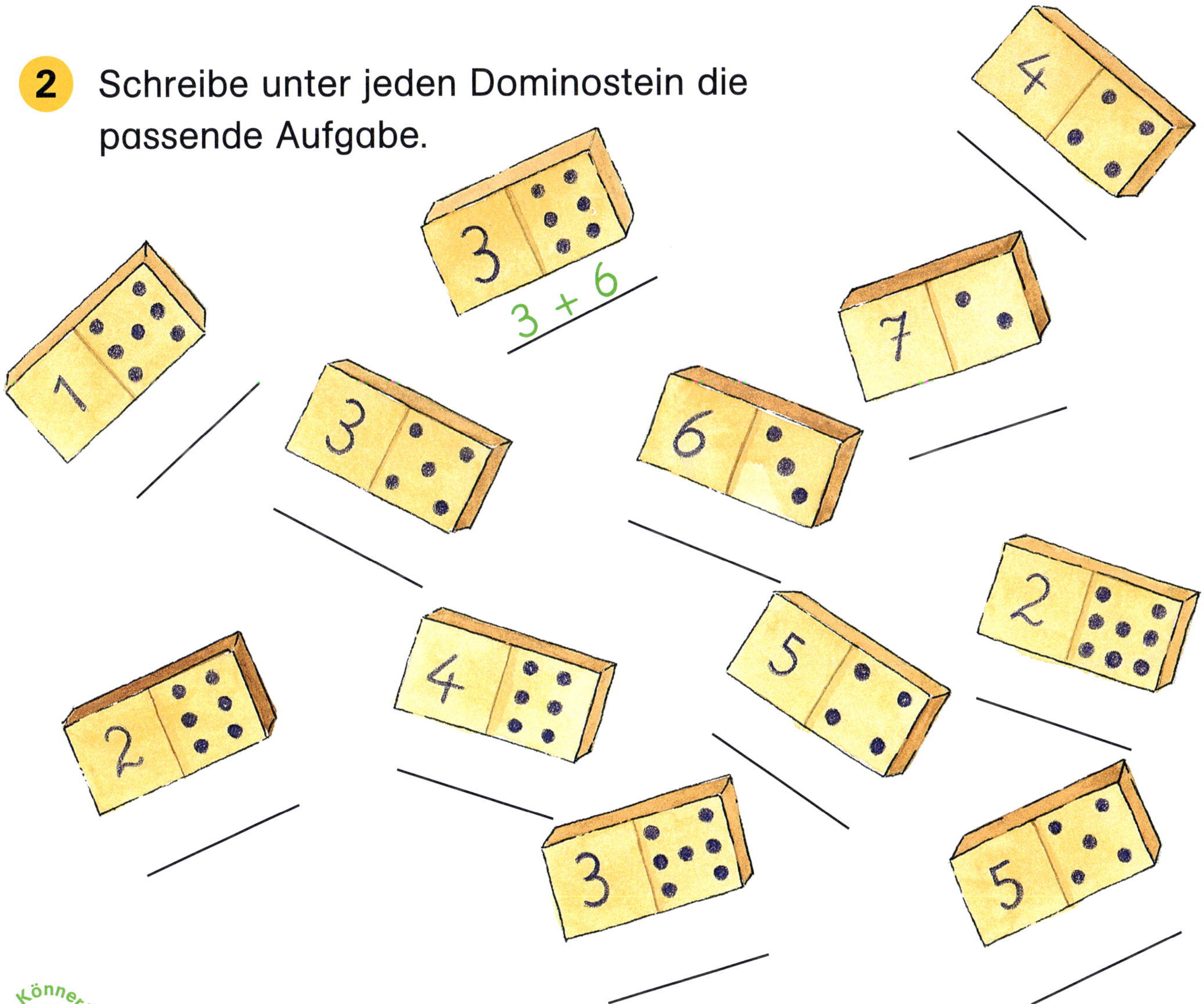

Für Könner!

3 Welche Rechnung von Aufgabe 2 gehört in welches Haus?

Zahlen sind überall!

1 Zahlen findest du auf vielen Dingen. Kannst du hier die fehlenden Zahlen eintragen?

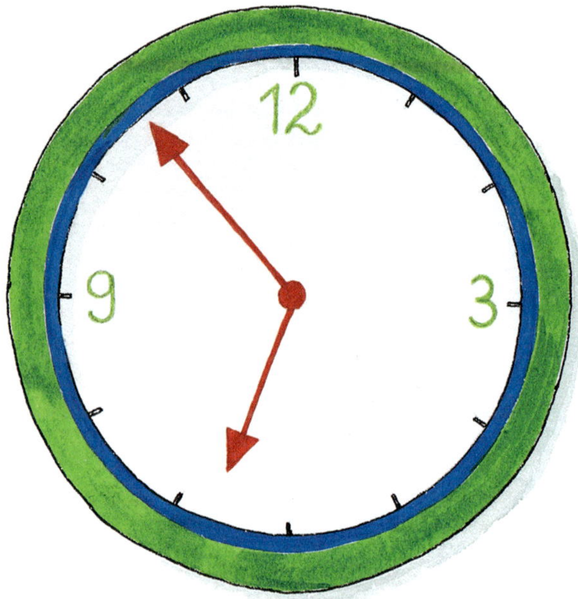

3.1
M
%
+
x
7
6
1
2
ON
0
=
0
1
10
20
BCE ECB EZB EKT EKP 2002
EURO
BCE ECB EZB EKT EKP 2002
EURO
BCE ECB EZB EKT EKP 2002
EURO
EURO CENT
EURO CENT
EURO CENT
EURO CENT
EURO

Bunte Perlen

1 Ninas Perlenkette ist zerrissen. Kannst du die Perlen in der richtigen Reihenfolge wieder auffädeln?

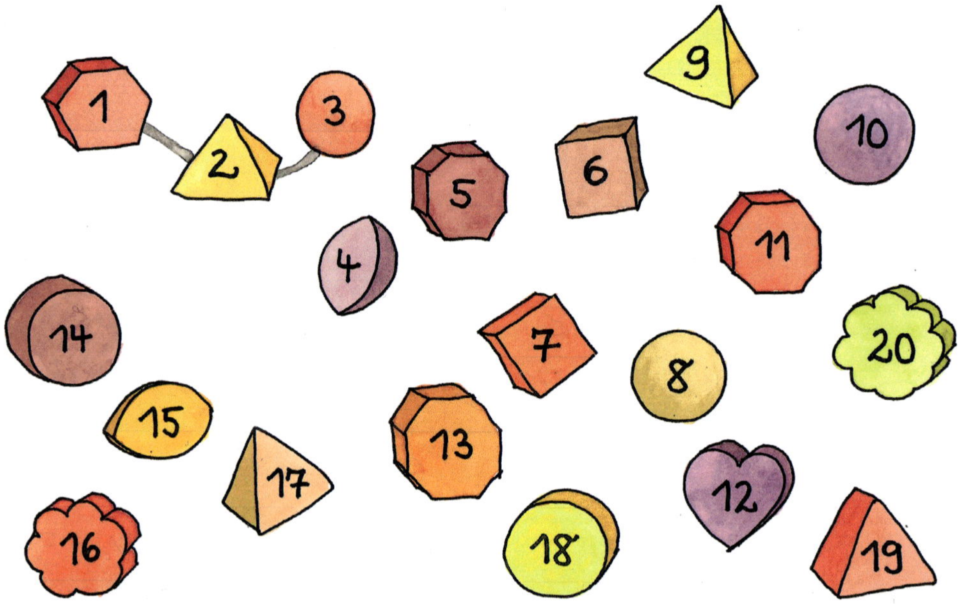

2 Trage die fehlenden Zahlen ein.

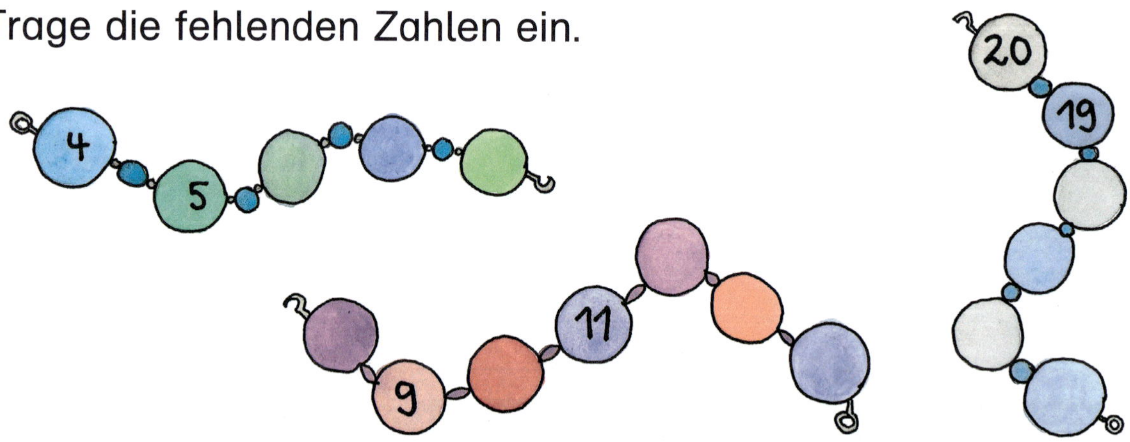

3 Male die Perlen in dieser Kette so an:

rot	1.	3.	5.	9.
gelb	4.	6.	7.	11.
grün	2.	8.	10.	12.

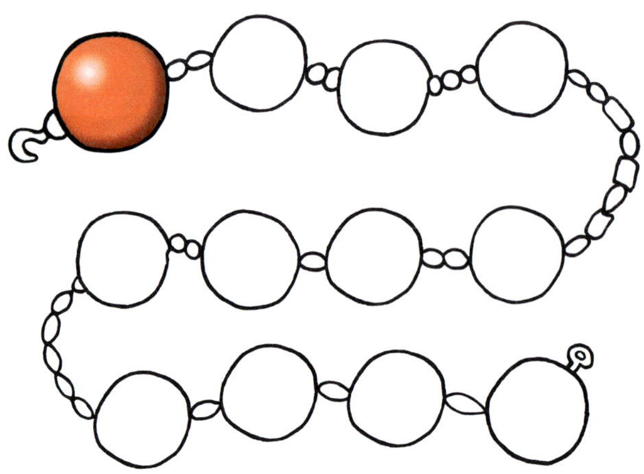

4 Zähle die Perlen in jedem Glas, und schreibe die Anzahl auf. Vergleiche dann die Zahlen miteinander, und setze die Zeichen < oder > dazwischen.

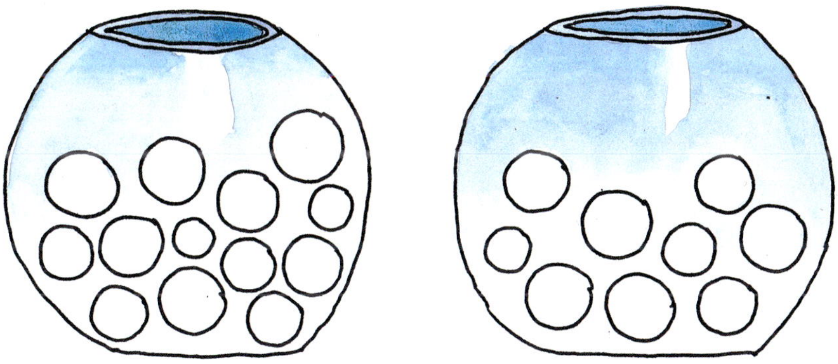

13 ____ ____ ____

____ ____ ____

Für Könner!

5 Setze auch zwischen diese Zahlen das richtige Zeichen!

12 < 18   11   14   15   10

20   17   9   19   11   16

14   3   13   11   18   14

Im Garten

1 Hier sind Plusaufgaben versteckt.

4 + 2 = ____

3 + ____ = ____

____ + ____ = ____

Plus bedeutet dazutun:

4 + 2 = 6
Sprich:
4 plus 2 gleich 6.

2 Erfinde eine Rechengeschichte, und zeichne sie.

3 Findest du Minusaufgaben?

Minus bedeutet wegnehmen:

●●●●⦸⦸⦸

7 – 3 = 4

Sprich: 7 minus 3 gleich 4.

7 – 3 = ____

8 – ____ = ____

____ – ____ = ____

4 Zeichne eine Rechengeschichte mit Minus. Streiche durch, was weggenommen wird.

6 – 3 = ____

Über den Wolken

1 Am Flugtag werden Zettel abgeworfen. Aus welchen Flugzeugen stammen sie? Rechne, und male die Zettel in der passenden Farbe an.

2 In diesem Bild sind verschiedene Flugzeuge versteckt. Willst du sie sehen? Dann löse die Aufgaben, und male die Felder so an:

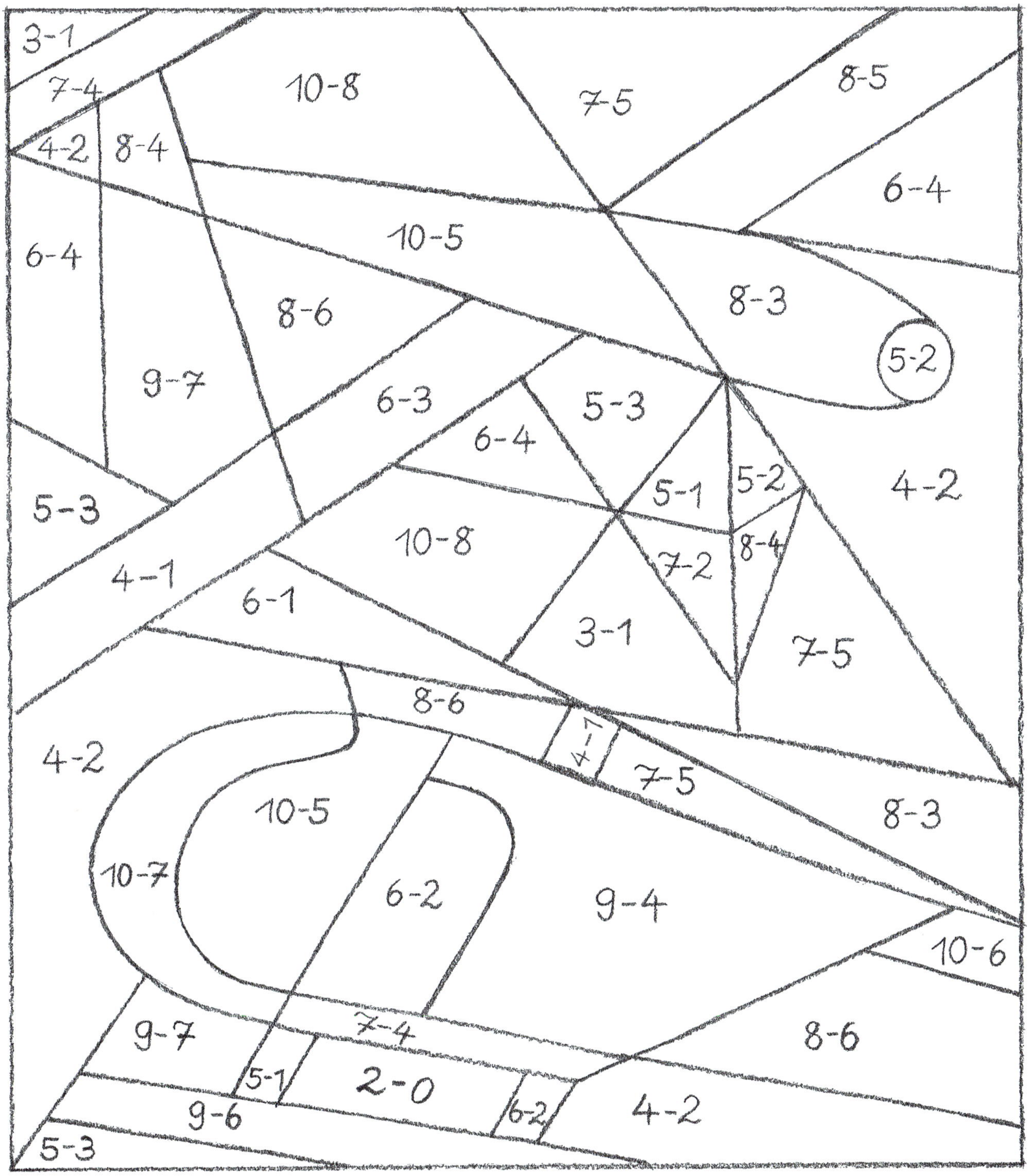

Thema und Erklärungen	Beispiele
Zerlegungen Zahlen kannst du auf verschiedene Arten zerlegen.	6 3 + 3 2 + 4 6 + 0  6 = 4 + 2 6 = 2 + 4
Kleiner, größer, gleich < > =	Zahlen kannst du hinsichtlich ihrer Größe vergleichen. 5 > 3 Sprich: 5 ist **größer** als 3. 4 < 9 Sprich: 4 ist **kleiner** als 9. 6 = 6 Sprich: 6 ist **gleich** 6.
Zahlen kannst du in eine Reihenfolge bringen.	1, 2, 3, 4, 5, 6, ...
Plusaufgaben (addieren) Zu einer Anzahl wird etwas hinzugefügt, oder zwei Mengen werden zusammengefasst.	Kurz: Plus (+) → dazutun.  3 + 4 = 7 Sprich: 3 plus 4 gleich 7.
Minusaufgaben (subtrahieren) Von einer Anzahl wird etwas weggenommen.	Kurz: Minus (−) → wegnehmen.  8 − 3 = 5 Sprich: 8 minus 3 gleich 5.

Extra: online üben

Mach dich fit für den Test!

Du willst noch mehr üben? Kein Problem!
Auf www.lerndrachen-training.de findest du viele weitere Übungen zu diesem Kapitel. Wie du dich registrierst und die Übungen freischaltest, liest du auf Seite 2. Viel Erfolg!

1 Fülle die Zahlenhäuser aus.

a)

5
1 +
3 +
4 +
5 +

b)

9
8 +
+ 4
3 +
+ 7

8 P

2 Welche Zahlen gehören in die leeren Kästchen?

	2	3	

		10		

	17		

9 P

3 Kleiner (<) oder größer (>)?

4 ☐ 8   16 ☐ 11   20 ☐ 19   12 ☐ 17

4 P

4 Rechne aus:

a) 6 + 4 = _____   b) 8 – 3 = _____   c) 8 – 2 = _____

5 + 3 = _____   5 – 5 = _____   3 + 3 = _____

6 P

5 Berechne:

a) 4 + _____ = 10   b) 7 – _____ = 4

6 + _____ = 8   8 – _____ = 0

4 P

In diesem Test habe ich ☐ Punkte
von insgesamt 31 Punkten erreicht.

Bei der Post

Bei der Post werden viele Pakete übereinander-gestapelt.

4 + 3 = 7

14 + 3 = 17

1 Wie viele Pakete sind es jeweils?
Löse immer zuerst die einfache Aufgabe.

5 + 3 = 8	2 + 4 = ☐	7 + 2 = ☐
15 + 3 = ☐☐	☐☐ + 4 = ☐☐	☐☐ + 2 = ☐☐

2 Auch Minusaufgaben lassen sich leicht lösen, wenn man an die einfachere Aufgabe denkt.

7 − 2 = 5	8 − 5 = ☐	6 − 4 = ☐
17 − 2 = ☐☐	☐☐ − 5 = ☐☐	☐☐ − 4 = ☐☐

3 In welche Briefkästen muss der Postbote die Briefe stecken? Verbinde jeden Brief mit dem richtigen Briefkasten.

4 Einen Brief kann der Postbote nicht zustellen. Welchen?

____

Beim Drachenfest

Für Könner!

1 Der Wind hat die Drachenschnüre durcheinandergewirbelt. Welcher Drache gehört zu welchem Kind? Zeichne die Schnüre nach, und trage die fehlenden Zahlen ein.

2 Welcher Drachenkopf enthält die größte Zahl? Rechne die Aufgaben auf den Drachenschwänzen der Reihe nach. Trage in die Köpfe der Drachen die Ergebnisse ein.

Türme bauen

Thorsten und Nils haben eine ganze Kiste mit Stecksteinen geschenkt bekommen. Sie wollen sie gerecht teilen. Kannst du ihnen helfen?

1 Zähle die Stecksteine jeder Sorte, und trage das Ergebnis in die Tabelle ein. Halbiere dann jede Zahl.

			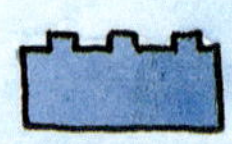		
Steine gesamt	6				
Thorsten	3				
Nils	3				

Für Könner!

2 Wie viele Stecksteine erhält jedes Kind?

Jedes Kind erhält ______ Steine.

3 Thorsten und Nils haben Türme gebaut. Baue neben jeden Turm einen doppelt so hohen. Wie viele Steine brauchst du jeweils? Zeichne, und rechne.

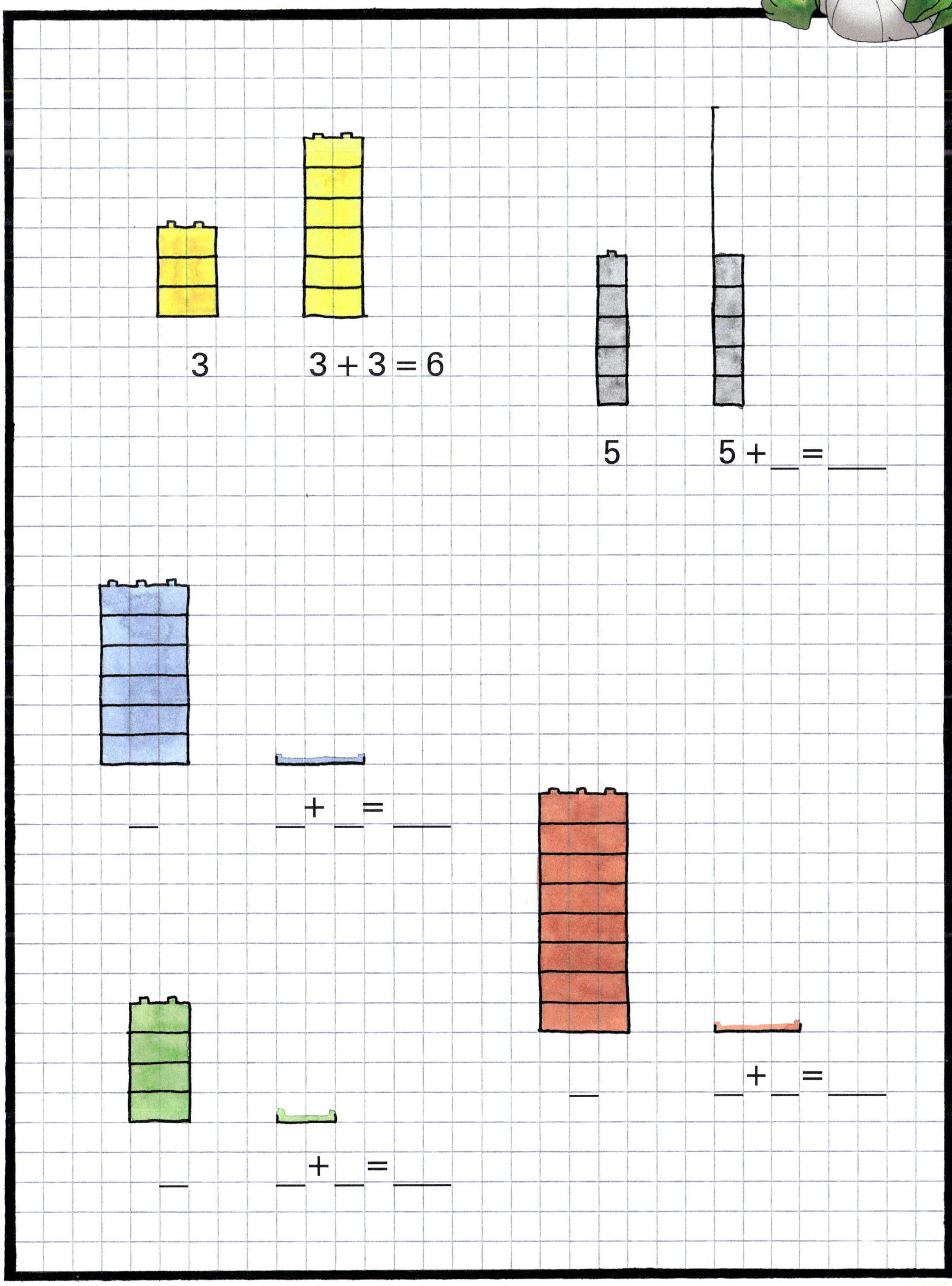

Autos, Autos, Autos ...

Für Könner!

1 Kannst du die Autos 1 bis 20 der Reihe nach so miteinander verbinden, dass sich die Linien nicht schneiden? Verwende einen Bleistift zum Zeichnen.

2 Trage die Zahlen aus den roten und blauen Autos der Reihe nach hier ein.

 gerade Zahlen	2	4								
 ungerade Zahlen	1									

Gerade Zahlen:
8 = 4 + 4
Ungerade Zahlen:
9 = 4 + 5

3 Färbe alle geraden Zahlen mit  und alle ungeraden Zahlen mit . Was erhältst du?

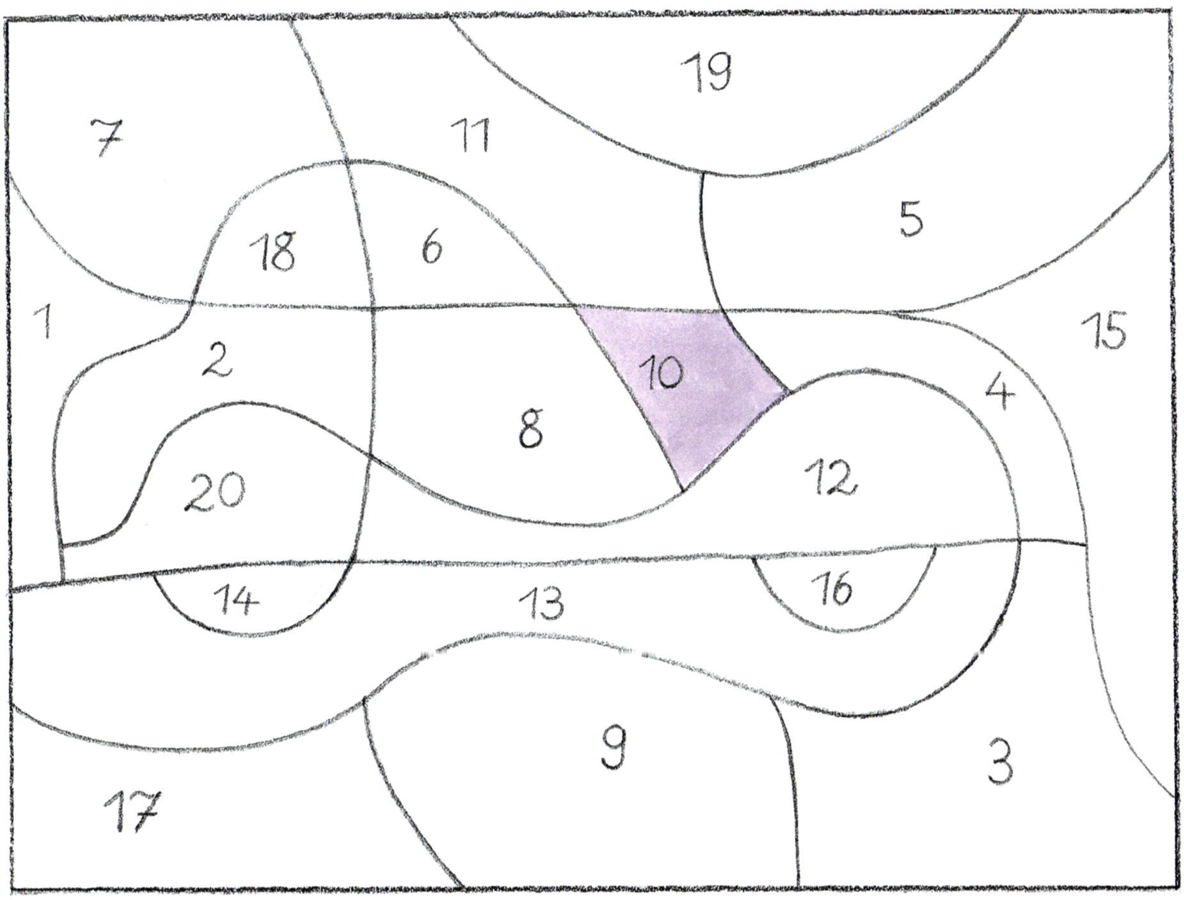

Bunte Blumenbeete

1 Jonas will in jede Reihe zehn Blumen pflanzen. Einige hat er schon eingegraben. Male die fehlenden Blumen dazu, und schreibe die Rechnung auf.

7 + 3 = 10

4 + ___ = 10

___ + ___ = 10

___ + ___ = 10

2 Wie viele Blumen sind es insgesamt?

3 Jonas schmückt das Blumenbeet mit kleinen Windmühlen. Kannst du die Zahlen in den Flügeln ergänzen? Male zum Schluss alles bunt an.

Rechne so:

(8) = 5 + 3

Im Supermarkt

Frau Meier ist Verkäuferin im Supermarkt Billy.
Heute stellt sie Dosen in ein Regal.

1 Wie viele Dosen hat sie schon eingeräumt?

Merk's dir!

Rechne immer erst bis 10.

7 + 8 = ____

7 + 3 + 5 = ____

(7 + 3 = 10)

2 Kannst du auch hier die Dosenanzahl ausrechnen?

6 + 5 = ____

6 + 4 + 1 = ____

7 + 6 = ____

7 + 3 + ___ = ____

8 + 4 = ____

8 + ___ + ___ = ____

9 + 7 = ____

9 + ___ + ___ = ____

3 Am Obststand hat sich Lena 8 Äpfel genommen. Wie viele Äpfel bleiben übrig?

Rechne so:

$15 - 8 = \_\_\_$

$15 - 5 - 3 = \_\_\_$

(15 − 5 = 10)

4 Rechne diese Aufgaben ebenso!

$14 - 6 = \_\_\_$

$14 - 4 - 2 = \_\_\_$

$12 - 8 = \_\_\_$

$12 - 2 - \_\_\_ = \_\_\_$

$16 - 9 = \_\_\_$

$16 - \_\_\_ - \_\_\_ = \_\_\_$

$13 - 7 = \_\_\_$

$13 - \_\_\_ - \_\_\_ = \_\_\_$

Wettlauf

1 Beim Sportfest erhält jeder Läufer eine Startnummer. Du erfährst sie, wenn du die Aufgaben auf der Starttafel rechnest.

Name	Startnummer
Anne	3 + 9 = 12
Boris	17 − 8 =
Carla	6 + 7 =
Daniel	12 − 5 =
Esther	8 + 6 =
Frank	13 − 7 =
Gina	3 + 8 =
Hanna	13 − 3 =

2 Schreibe die Startnummern auf die Schilder der Kinder.

Für Könner! **3** Anne steht schon am Start. Aber wer gewinnt das Rennen? Du erfährst es, wenn du die Aufgaben der Reihe nach rechnest.

____________ ist der Sieger.

Diese Hausaufgaben!

Tim hat Hausaufgaben. Justus zeigt ihm, wie er mit einer Umkehraufgabe prüfen kann, ob er richtig gerechnet hat.

Aufgabe: [7] + 8 = 15

Umkehraufgabe: 15 – 8 = [7]

Wenn du richtig gerechnet hast, stimmen die Zahlen in den Kästchen überein.

1 Rechne zu jeder Aufgabe auch die Umkehraufgabe.

[5] + 6 = 11
11 – 6 = [ ]

[13] – 7 = 6
6 + 7 = [ ]

[9] + 4 = ____
____ – 4 = [ ]

[12] – 5 = ____
____ + 5 = [ ]

[8] + 5 = ____
____ – ____ = [ ]

[16] – 9 = ____
____ + ____ = [16]

2 Bei den nächsten Aufgaben rechnet Tim mit einem Trick! Kannst du das auch?

7 + 6 = 13 ← (− 1)
7 + 7 = 14
7 + 8 = ____ ← (+ 1)

12 − 5 = ____ ← (+ 1)
12 − 6 = 6
12 − 7 = ____ ← (− 1)

3 Rechne immer zuerst die Aufgabe in der Mitte.

8 + 7 = ____ 7 + 8 = ____
8 + 8 = ____
8 + 9 = ____ 9 + 8 = ____

14 − 6 = ____ 13 − 7 = ____
14 − 7 = ____
14 − 8 = ____ 15 − 7 = ____

Im Land der Pyramiden

1 Zähle immer die Zahlen von nebeneinanderliegenden Steinen zusammen. Schreibe das Ergebnis in den Stein darüber.

Rechne so:

10 + 2 = 12

2 + 4 = 6

12 + 6 = ___

2 Jetzt wird es schwieriger! Schaffst du es, auch hier die leeren Steine auszufüllen?

Für Könner!

3 Bei diesen Türmen sind die Zeichen +, – und = verschwunden. Kannst du sie wieder so einfügen, dass richtige Aufgaben entstehen?

4 Im Krokodil verstecken sich viele Zahlen. Findest du sie alle? Zeichne sie mit einem Stift nach.

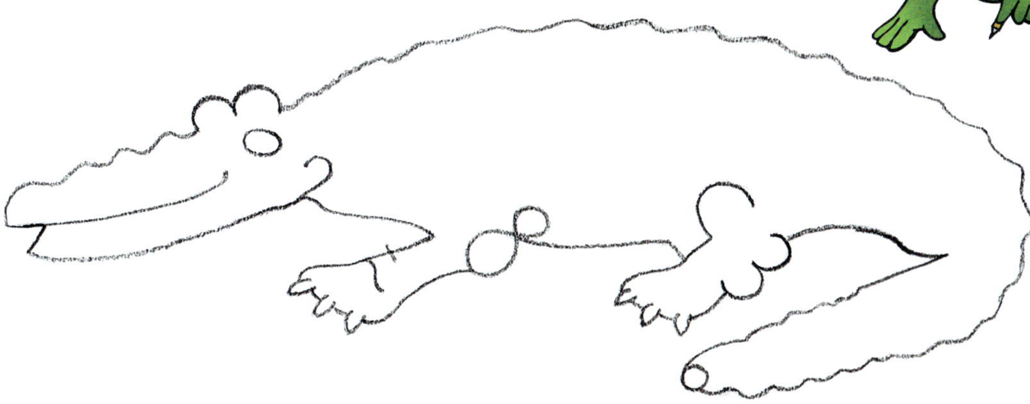

Lauter Schilder!

Lukas und Lisa haben sich ein Spiel ausgedacht. Sie zählen die Ziffern von Autokennzeichen zusammen.

Bei dem Nummernschild 

rechnen sie: 3 + 9 + 2 = 14

1 Welche Ergebnisse erhalten sie bei diesen Kennzeichen?

2 + 7 + 5 = ____

____ + ____ + ____ = ____

____ + ____ + ____ = ____

____ + ____ + ____ = ____

____ + ____ + ____ = ____

____ + ____ + ____ = ____

2 Lisa stellt Lukas Rechenaufgaben, aus denen er das Kennzeichen erraten soll. Ergänze die Zahlen, und schreibe die Autonummern auf.

2 + 3 + [7] = 12

4 + [ ] + 8 = 16

[ ] + 7 + 5 = 20

3 + 5 + [ ] = 14

Für Könner! **3** Hier sollen die Zahlen in den Reihen → und Spalten ↓ zusammengezählt werden. Das Ergebnis ist immer die Zahl, die auf dem Lastwagen steht.

Rechne so:

2 + [7] + 6 = 15

Thema und Erläuterungen	Beispiele
Mit Plus und Minus rechnen Häufig kannst du beim Lösen von schwierigen Aufgaben an einfachere denken.	15 + 3 = 18 5 + 3 = 8 19 − 4 = 15 9 − 4 = 5
Tauschaufgaben Beim Plusrechnen kannst du die Zahlen vertauschen. Das Ergebnis bleibt gleich.	3 + 8 = 11 8 + 3 = 11
Aufgaben mit Zehnerübergang Rechne bei schwierigen Aufgaben immer erst bis zur 10.	8 + 7 = 15 8 + 2 + 5 = 15 10 14 − 6 = 8 14 − 4 − 2 = 8 10
Umkehraufgaben Mit einer Umkehraufgabe kannst du die Ergebnisse deiner Rechnung prüfen.	Aufgabe: 5 + 8 = 13 Umkehraufgabe: 13 − 8 = 5 Aufgabe: 14 − 5 = 9 Umkehraufgabe: 9 + 5 = 14
Verdoppeln und Halbieren Beim **Halbieren** wird eine Menge in 2 gleich große Teile (Hälften) zerlegt. Beim **Verdoppeln** wird zu einer Menge die gleiche noch einmal hinzugefügt.	Die Hälfte von 6 ist 3: 6 = 3 + 3  Das Doppelte von 4 ist 8: 4 + 4 = 8 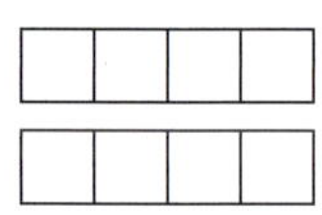

Extra: online üben

Mach dich fit für den Test!

Du willst noch mehr üben? Kein Problem!
Auf www.lerndrachen-training.de findest du viele weitere Übungen zu diesem Kapitel. Wie du dich registrierst und die Übungen freischaltest, liest du auf Seite 2. Viel Erfolg!

1 An welche einfachere Aufgabe kannst du beim Rechnen denken?

a) 15 + 4 = ____ b) 19 − 4 = ____

5 + ________ ____________

4 P

2 Rechne immer erst bis 10.

a) 6 + 9 = ____

6 + 4 + ____ = ____

b) 13 − 5 = ____

13 − ____ − ____ = ____

4 P

3 Löse die Aufgaben.

a) 8 + 5 = ____ b) 18 − 9 = ____ c) 12 + 4 = ____

6 + 4 = ____ 12 − 4 = ____ 14 − 2 = ____

5 + 9 = ____ 15 − 7 = ____ 13 + 5 = ____

9 P

4 Verdopple und halbiere die Zahlen.

a)

Zahl	3	6	8	10
das Doppelte				

b)

Zahl	14	8	12	18
die Hälfte				

8 P

5 Ergänze die fehlenden Zahlen.

a)

3	4	5

b)

	7	
8	5	

6 P

In diesem Test habe ich ____ Punkte von insgesamt 31 Punkten erreicht.

Besuch im Zirkus

Mark und Lara wollen in den Zirkus gehen. Sie leeren dazu ihre Spardosen.

1 Wie viel Euro (€) hat jedes Kind gespart?

Mark hat _____ € gespart.

Lara hat _____ € gespart.

An der Kasse hängt
eine Preisliste.

2 Mark kauft sich eine Eintrittskarte und eine Tüte Popcorn. Was muss er bezahlen?

Rechnung: _____ € + _____ € = _____ €

Mark muss _____ € bezahlen.

3 Lara hat 18 € in ihrer Geldbörse. Sie kauft nur eine Eintrittskarte. Wie viel Euro hat sie übrig?

Rechnung: _____ € – _____ € = _____ €

Lara hat _____ € übrig.

Für Könner! **4** Bilde weitere Aufgaben mit den Angaben auf der Preistafel. Rechne in deinem Heft.

Badespaß

Frau Berger geht mit ihrer Klasse ins Schwimmbad.

Achte auf **Signalwörter**!

(+) dazu, mehr, insgesamt

(−) weg, weniger, hinaus

1 In der 1b sind 11 Mädchen und 9 Jungen. Wie viele Kinder sind in der Klasse?

11 (+) ______ = ______

Es sind ______ Kinder in der Klasse.

2 Im Schwimmbecken sind 12 Kinder. 4 Kinder gehen hinaus.

______ ◯ ______ = ______

______ Kinder sind noch im Schwimmbecken.

3 Von 20 Kindern haben nur 3 eine Badekappe auf.

______ ◯ ______ = ______

______ Kinder haben keine Badekappe auf.

Für Könner! **4** 8 Kinder baden, 3 Kinder sind auf der Rutsche und 2 Kinder ziehen sich um. Wie viele Kinder sind das insgesamt?

____

Es sind ______ Kinder.

5 Wie spät ist es am Nachmittag?

Es ist ________ Uhr.

Für Könner! **6** Das Schwimmbad schließt um 19 Uhr. Wie lange können die Besucher noch bleiben?

Sie können noch

_____ Stunden bleiben.

Spiegelbilder

1 Hier stimmt etwas nicht! Es haben sich 8 Fehler in das Spiegelbild eingeschlichen. Findest du sie?

2 Zeichne die fehlenden Teile ins Spiegelbild, und berichtige die falschen. Überprüfe mit einem Spiegel, ob du alles richtig gemacht hast.

3 Es ist immer nur eine Hälfte des Bildes gezeichnet. Ergänze die fehlenden Hälften. Achte auf die Kästchen.

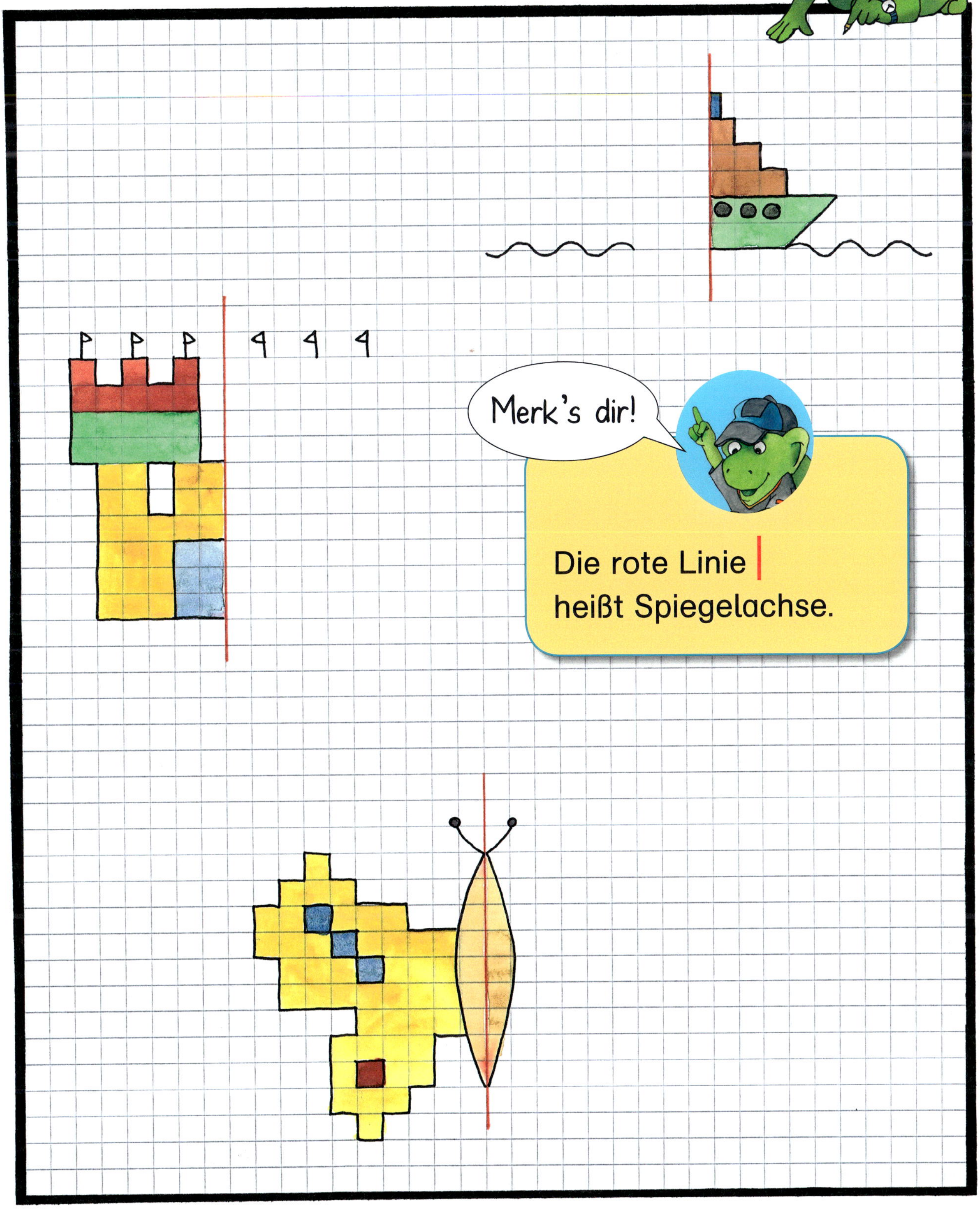

Merk's dir!

Die rote Linie | heißt Spiegelachse.

Moderne Kunst

Lisa hat ein ungewöhnliches Bild gezeichnet.

1 Suche im Bild diese Formen , und male sie in den angegebenen Farben an.

2 Wie viele dieser Formen kannst du im Bild entdecken?

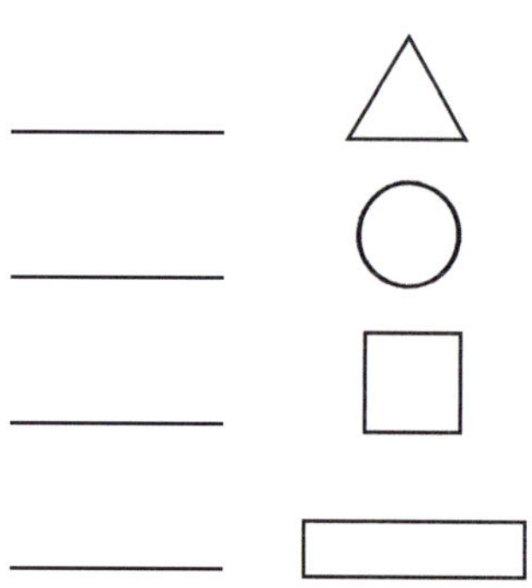

3 *Für Könner!* Weißt du, wie sie heißen? Ordne zu.

Quadrat

Dreieck

Kreis

Rechteck

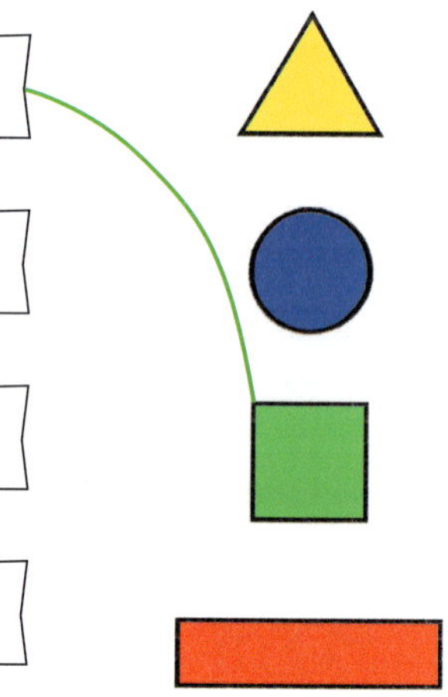

4 Für den Fußboden hat sich Lisa schöne Muster ausgedacht. Leider ist sie nicht fertig geworden. Kannst du ihr helfen?

Für Könner!

5 Denke dir selbst ein regelmäßiges Muster aus.

Thema und Erklärungen	Beispiele
Geldwerte In vielen Ländern bezahlt man mit Euro (€). Es gibt verschiedene Scheine und Münzen. Bei den Münzen unterscheidet man Cent- und Euromünzen.	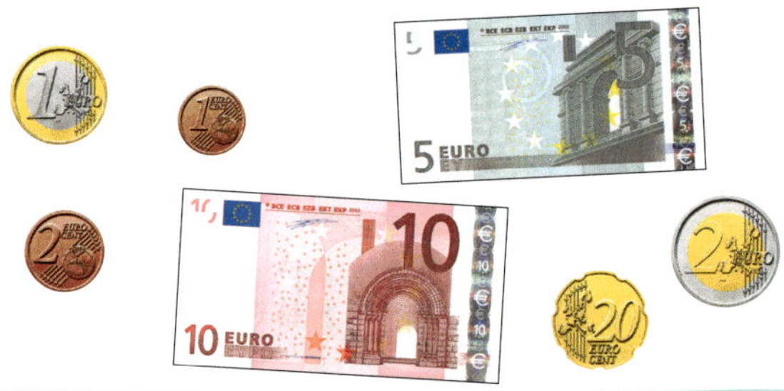
Mit Geldwerten kann man wie mit normalen Zahlen rechnen.	3 € + 4 € = 7 € 18 € – 5 € = 13 €
Sachaufgaben Sachaufgaben sind Rechenaufgaben in Textform. Lies den Text genau, um sie zu lösen. Oft verraten dir bestimmte Wörter die Rechenart. Sie heißen Signalwörter.	Mögliche Signalwörter: plus (+) ➜ zusammenzählen, kommt dazu, insgesamt, … minus (–) ➜ wegnehmen, weniger, abziehen, …
Spiegelungen Mit einem Taschenspiegel kannst du von einer Figur das gleiche Bild noch einmal als Spiegelbild erzeugen. Die Linie, auf die du deinen Spiegel stellst, heißt Spiegelachse.	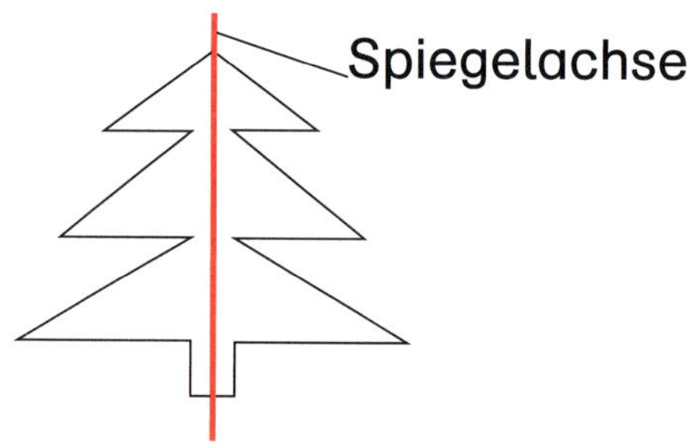
Flächen Es gibt 4 geometrische Grundformen: Dreieck, Rechteck, Quadrat, Kreis. Das Quadrat ist ein besonderes Rechteck mit lauter gleichen Seiten.	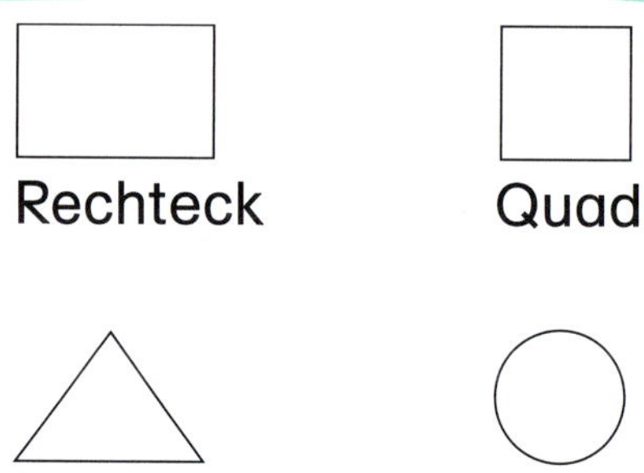

Extra: online üben

Mach dich fit für den Test!

Du willst noch mehr üben? Kein Problem!
Auf www.lerndrachen-training.de findest du viele weitere Übungen zu diesem Kapitel. Wie du dich registrierst und die Übungen freischaltest, liest du auf Seite 2. Viel Erfolg!

1 Wie viel € sind es?

a)

______ €

b)

______ €

2 P

2 Noah hat 15 € gespart. Er kauft sich ein Buch für 6 €. Wie viel € bekommt er zurück?

_____ € ◯ _____ € = _____ €   Er bekommt _____ € zurück.

3 P

3 Auf dem Parkplatz stehen 4 blaue und 8 schwarze Autos.
Wie viele Autos sind es insgesamt?

________________________   Es sind _____ Autos.

3 P

4 Zeichne das Spiegelbild.

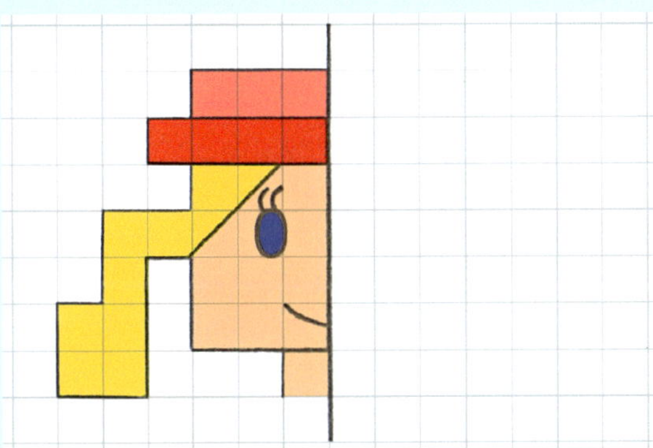

2 P

5 Zeichne das Muster zu Ende.

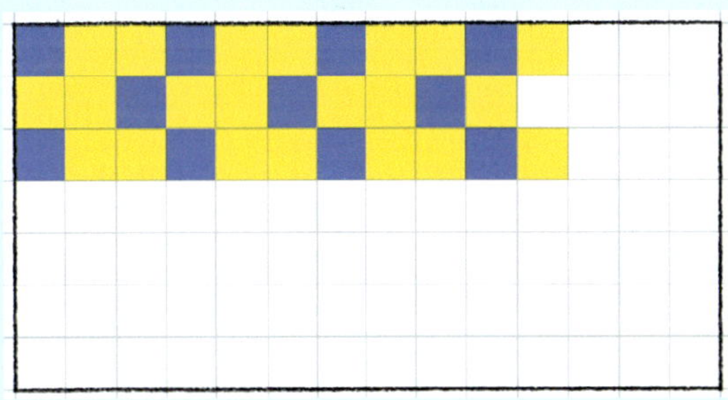

2 P

In diesem Test habe ich ______ Punkte von insgesamt 12 Punkten erreicht.

Deutsch

Lateinischer Begriff	Deutscher Begriff	Beispiele
Nomen, Substantiv	Namenwort, Hauptwort	Das Kind
… Singular	… Einzahl des Namenwortes	das Kind
… Plural	… Mehrzahl des Namenwortes	die Kinder
Verb	Tunwort, Tätigkeitswort	laufen
Adjektiv	Wiewort, Eigenschaftswort	hell
Artikel	Begleiter, Geschlechtswort	der, die das / einer, eine, ein
Pronomen	Fürwort, Stellvertreter	er, sie, ihr, mein, dein, …
Vokal	Selbstlaut	a, e, i, o, u
Konsonant	Mitlaut	b, c, d, f, g, h, k, …
	Umlaut	ä, ö, ü

Mathematik

Fachbegriff und Rechenzeichen	Deutscher Begriff / Erklärung	Beispiele
Addition ⊕ addieren	Plusaufgabe zusammenzählen	$4 + 3 = 7$
Subtraktion ⊖ subtrahieren	Minusaufgabe abziehen, wegnehmen	$6 - 2 = 4$
$<$	… ist kleiner als …	$4 < 7$
$>$	… ist größer als …	$8 > 5$
$=$	… ist gleich …	$5 = 5$
Tauschaufgabe	Bei Plusaufgaben kannst du die Zahlen vertauschen.	$3 + 8 = 8 + 3$
Umkehraufgabe (Probeaufgabe)	Mit ihr kannst du deine Rechnung überprüfen.	$2 + 3 = 5$ $9 - 3 = 6$ $5 - 3 = 2$ $6 + 3 = 9$
Flächen	Quadrat Dreieck	Rechteck Kreis